Smart Cities

Künstliche Intelligenz im urbanen Raum

Luke Neubauer

WIDMUNG

Für meine Kinder.

INHALT

VORWORT

Die Vereinten Nationen definieren Urbanisierung im Rahmen des von der Abteilung für Wirtschaft und Soziales herausgegebenen Berichts *World Urbanization Prospects* wie folgt: *„Urbanization is a complex socio-economic process that transforms the built environment, converting formerly rural into urban settlements, while also shifting the spatial distribution of a population from rural to urban areas. It includes changes in dominant occupations, lifestyle, culture and behaviour, and thus alters the demographic and social structure of both urban and rural areas. A major consequence of urbanization is a rise in the number, land area and population size of urban settlements and in the number and share of urban residents compared to rural dwellers."* [1] Diese Ausbreitung städtischer Lebens-

---

[1] Vereinte Nationen (Hrsg.) (2019), S. 10.

und Wirtschaftsformen hat dazu geführt, dass im Jahr 2018 weltweit 4,2 Mrd. Menschen in Städten lebten.[2] Im Vergleich dazu nannten im Jahr 1950 nur 751 Millionen Menschen Städte ihr zuhause.[3] Die Geschwindigkeit des Urbanisierungsprozesses wird von den Ballungsräumen in Afrika und Asien getrieben. So fallen 90% des prognostizierten Wachstums der städtischen Bevölkerung bis 2050 (2,5 Mrd. Personen) auf die genannten Kontinente.[4] Die drei größten Ballungsgebiete (Tokio, Neu-Delhi, und Shanghai) zählen zusammen 92 Millionen Einwohner und befinden sich alle im asiatischen Raum.[5]

Der starke und schnelle Zuwachs der Bevölkerung in urbanen Ballungsgebieten geht mit vielen Herausforderungen, aber auch Opportunitäten einher. In diesem Zusammenhang gewinnen digitale und künstlich intelligente Lösungen zur Optimierung, Bewältigung und letztendlich Gestaltung des hochdynamischen urbanen Lebens an Bedeutsamkeit.[6] Das Konzept einer Smart City versucht eben diesen Konflikt zu adressieren und somit potenzielle, z. B. ökologische Risiken mit den ökonomischen Potenzialen globaler Urbanisierung zu vereinbaren, indem es hierfür intelligente, digitale und zum Teil KI-unterstütze

---

[2] Vgl. Vereinte Nationen (Hrsg.) (2019), S. 9.
[3] Vgl. Vereinte Nationen (Hrsg.) (2019), S. 9.
[4] Vgl. Vereinte Nationen (Hrsg.) (2019), S. 23.
[5] Vgl. Vereinte Nationen (Hrsg.) (2019), S. 75.
[6] Vgl. Gutzmer. A. (2018), S. 32.

Lösungen anbietet.[7] Zwar basiert der Trend der Urbanisierung auf Bevölkerungsbewegungen, doch bewegt und beeinflusst das Leben in der Stadt auch ihre Einwohner. Entscheidungen, darunter Konsumentscheidungen, werden an künstliche Intelligenzen ausgelagert.[8] Durch den Einfluss moderner digitaler Technologien auf dieses Verhältnis, entstehen sogenannte Smart Cities, welche die Dynamik des urbanen Lebens abermals potenzieren und ihre Bewohner vor neue Herausforderungen und Möglichkeiten stellen. Diese offensichtliche trilaterale Reziprozität ist nicht nur aus ökonomischer, soziologischer, ökologischer oder kulturanthropologischer Perspektive von großem Interesse.[9] Eben an diesem Punkt soll die Forschungsfrage der vorliegenden Arbeit ansetzen und die Auswirkungen dieser Konvergenz aus Individuum, künstlicher Intelligenz und urbanem Umfeld untersuchen und dabei die konsumentenpsychologischen Auswirkungen in den Fokus der Betrachtung rücken.

Die Schwere des potenziellen Einflusses von künstlicher Intelligenz auf konsumentenpsychologisch relevante Parameter wie z. B. der Wahrnehmung von Marken oder Produkten in der digitalen Ökonomie wurden vom *Journal of Consumer Research* als neues und brisantes

---

[7] Vgl. Dameri, R. P. (2017), S. 111–112.
[8] Vgl. Precht, R. D. (2018), S. 59–66.
[9] Vgl. Vogel, H.-J. / Weißer, K. / Hartmann, W. D. (2018), S. 6–8.

Forschungsfeld identifiziert. Zu Beginn des Jahres 2019 wurde infolgedessen ein Aufruf platziert, die Implikationen der Anwendung künstlich intelligenter Technologien im Kontext des Konsums in verschiedenen Dimensionen zu untersuchen.[10] An eben jener Entwicklung soll auch diese Arbeit anknüpfen und den Bestrebungen, Antworten auf diese relevanten zukünftigen Fragestellungen zu finden, zuträglich sein. Abbildung 2 stellt zusammenfassend den beschrieben Forschungsansatz bildlich dar.

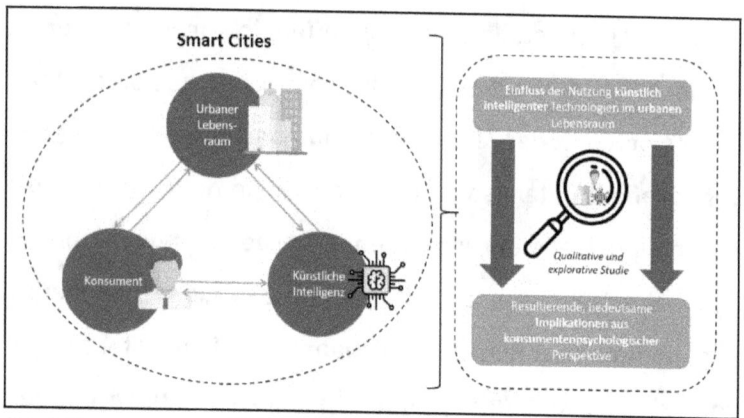

Abb. 2: Konsumenten und KI im urbanen Lebensraum – Einflüsse und Folgen

Um die theoretische Basis für die explorative Arbeit zu bilden, soll im zweiten Kapitel zum einen die Interaktion zwischen künstlicher Intelligenz und Konsumenten dargestellt werden. Hierfür soll zunächst eine für den weiteren Verlauf der Arbeit gültige Definition künstlicher Intelligenz gefunden werden, um danach bedeutsame

---

[10] Vgl. Inman, J. u. a. (2019), S. i4.

artifizielle Wahrnehmungsprozesse, Mechanismen der Informationsverarbeitung sowie die Grundlagen künstlichen Entscheidungsverhaltens beschreiben zu können. Kapitel 2.2 stellt das Konzept der Smart Cities theoretisch dar und gibt einen Überblick welche Dimensionen menschlicher Interaktion durch diese technologische Disruption tangiert und beeinflusst werden. Es werden beispielhafte Mechanismen und Technologien dargestellt, die im Zusammenhang mit dem Gesamtkonzept von Smart Cities stehen und potenzielle Einflussfaktoren für menschliches Entscheidungs- und Konsumverhalten sind.

Nachdem die theoretische Einordnung der Forschungsfrage abgeschlossen ist, sollen diese Erkenntnisse im dritten Teil in die Praxis überführt werden. Hier werden die methodologischen Grundlagen der explorativen Arbeit dargestellt, mithilfe welcher die qualitativen Daten erhoben und ausgewertet wurden. Die folgenden Seiten beinhalten die eigentlichen qualitativen Fallstudien nach dem aufgestellten und beschriebenen methodischen Leitfaden. Jede der Fallstudien beinhaltet zunächst eine einordnende und beschreibende Komponente sowie anschließend eine Auswertung der aktuellen Literatur in Bezug auf die Darstellung der Metropolen als Smart Cities.

Eine Diskussion der im Rahmen der Fallstudien generierten Ergebnisse soll im vierten Kapitel erfolgen, indem einzelne Erkenntnisse im Hinblick auf ihre konsumentenpsychologischen Implikationen spezifiziert werden. Ziel ist es hier konsumentenpsychologisch relevanten Verhaltensveränderungen bestehender Mechanismen – zunächst hypothetisch – zuordnen zu können, um daraus Potenzial für weitere Forschung (quantitativ) derivieren zu können.

2. STAND DER FORSCHUNG

Künstliche Intelligenz.

Künstliche Intelligenz ist aus verschiedenen Gründen nur schwer zu definieren. Es herrscht keine Einigung darüber wie allein Intelligenz zu definieren ist. Zunächst leitet sich der Begriff Intelligenz aus dem lateinischen Verb *intellegere* ab, was erkennen, erfassen, verstehen oder auch einsehen bedeutet. Das Verb *intellegere* selbst wiederum setzt sich aus den zwei Wortstämmen *inter* (zwischen) und *legere* (wählen) zusammen, was mit zwischen etwas wählen oder eine Wahl treffen übersetzt werden kann.[11] Aus Sicht der differentiellen Psychologie ist Intelligenz ein Konstrukt der menschlichen Persönlichkeit

---

[11] Vgl. DWDS (Hrsg.) (2018), https://www.dwds.de/wb/Intelligenz.

und wird durch psychometrische Verfahren operationalisiert, indem kognitive Parameter, wie Verarbeitungsgeschwindigkeit und Gedächtnisleistung, mithilfe verschiedener Variablen quantifiziert werden.[12] Verschiedene, sogenannte Intelligenzmodelle versuchen das komplexe Konstrukt der Intelligenz durch Abstraktion greifbar zu machen und liefern somit ebenfalls einen Ansatz der Definition von Intelligenz. Das Würfelmodell von Joy Paul Guilford beispielsweise geht von drei Dimensionen der Intelligenz aus: Denkinhalte, Denkoperationen und Denkresultate, auf deren jeweiligen Spektren menschliche Intelligenz unterschiedliche Ausmaße annehmen kann.[13] Das Zwei-Faktoren-Modell von Raymond Cattell hingegen differenziert zwischen fluider und kristalliner Intelligenz. Bei der fluiden Intelligenz handelt es sich um die genetische Disposition, also der angeborenen Intelligenz, welche z. B. die Auffassungsgabe oder die Verarbeitungsgeschwindigkeit beinhaltet. Kristalline Intelligenz dahingegen bildet sich im Laufe des Lebens durch Erfahrungen und erlerntes Wissen aus, woraus deutlich wird, dass die kristalline Intelligenz aus der fluiden Intelligenz hervorgeht.[14] Im Hinblick auf die Definition und Konstruktion künstlicher Intelligenz können diese im

---

[12] Vgl. Maltby, J. / Day, L. / Macaskill, A. (2011), S. 473-474.

[13] Vgl. Stern, E. / Neubauer, A. (2016), S. 18-19.

[14] Vgl. Cattell, R. B. (1971), S. 87-94.

Rahmen komplexer Modelle entstandene Definitionen jedoch limitierend wirken. Wie soll eine künstliche Entsprechung von etwas so komplexen wie menschlicher Intelligenz erschaffen werden, wenn es sich selbst bei den komplexesten Modellen nur um reduzierende Abstraktionen des noch unverständlicheren Konstruktes von Intelligenz handelt? Es bietet sich also an, eine umfassendere und einfachere Definition heranzuziehen. Max Tegmark definiert Intelligenz als die Fähigkeit eines Systems komplexe Ziele erreichen zu können.[15] Diese Definition ist problemlos auf artifizielle Äquivalente von Intelligenz zu applizieren, da die Erreichung (komplexer) Ziele auch die originäre und zu erzielen versuchte Funktion in der Gestaltung von KI darstellt.

Ausgehend von dieser grundlegenden Definition von Intelligenz leitet Tegmark auch die Definition künstlicher Intelligenz durch Exklusion ab, indem er voraussetzt, dass es sich bei künstlicher Intelligenz um nicht-biologische Intelligenz handeln muss. Somit ist künstliche Intelligenz als die Fähigkeit eines nicht-biologischen Systems komplexe Ziele erreichen zu können, dekliniert.[16] Der dynamische wissenschaftliche und öffentliche Diskurs zu

---

[15] Vgl. Tegmark, M. (2017), S. 39.
[16] Vgl. Tegmark, M. (2017), S. 39.

diesem Themenkomplex hat dazu geführt, dass weitere zu definierende Abstufungen oder der mit KI zusammenhängenden Konstrukte entstehen. *Enge (künstliche) Intelligenz* beispielsweise ist eine Abstufung, die in der tagesaktuellen Diskussion nicht mehr dem entspricht was allgemein unter KI verstanden wird. Es handelt sich um künstliche Intelligenz in einem sehr limitierten Anwendungsbereich, wie. z. B. Schachspielen oder mathematische Aufgaben zu lösen. Diese Formen von KI finden zwar heute überwiegend tatsächliche Anwendung, sind aber meist nicht gemeint, wenn es um große Visionen und Prophezeiungen in Bezug auf KI geht.[17] In diesem Zusammenhang wird unter KI eher eine *allgemeine (künstliche) Intelligenz* verstanden, die dazu befähigt ist in vielen verschiedenen Bereichen komplexe Probleme lösen zu können und zudem zum Lernen in der Lage ist. Dieser *allgemeinen künstlichen Intelligenz* kann das Attribut *human-level* zugeschrieben werden, wenn sie in der Lage ist die ihr gestellten Aufgaben mindestens in der durchschnittlichen Qualität einer entsprechenden menschlichen Problemlösung bewältigen zu können.[18] Kann eine solche *(human-level) allgemeine künstliche Intelligenz* auf große Datenmengen zugreifen, um sich

---

[17] Vgl. Dvorsky, G. (2013), https://io9.gizmodo.com/how-much-longer-before-our-first-ai-catastrophe-464043243.
[18] Vgl. Kurzweil, R. (2005), 144–146. bzw. Vgl. Tegmark, M. (2017), S. 39.

darauf basierend neue Anwendungsgebiete autonom erarbeiten zu können, spricht Tegmark von *universeller (künstlicher) Intelligenz*.[19] *Universelle (künstliche) Intelligenz* ist Ausgangspunkt sowohl für utopische als auch dystopische Zukunftsvisionen und könnte theoretisch aufgrund ihrer Fähigkeiten zur *Superintelligence* werden, deren Befähigung weit über menschliche Kompetenz hinausgeht. Letztendlich würde diese *Superintelligence* zur *technologischen Singularität* (*Intelligence Explosion*) führen, da ihr Potenzial zu Lernen in einen unendlichen Selbstoptimierungskreislauf der KI münden würde.[20] Je nachdem ob es sich um eine Entität handelt, deren Ziele mit den menschlichen Zielen harmonisiert (*Friendly AI*)[21], kann diese Form von KI auch zum von Nick Bostrom skizzierten Szenario des absoluten Kontrollverlustes über die Technologie der KI führen.[22] Eine Übersicht dieser mit KI in Zusammenhang stehenden Begrifflichkeiten und ihren Definitionen, basierend auf dem von Max Tegmark vorgestellten Verständnisses, ist in Tabelle 1 dargeboten.

Von Besonderheit in der Beschreibung von künstlicher Intelligenz ist, dass sich das Konstrukt nicht nur deduktiv

---

[19] Vgl. Tegmark, M. (2017), S. 39.
[20] Vgl. Ulam, S. (1958), S. 5. bzw. Vgl. Tegmark, M. (2017), S. 39.
[21] Vgl. Yudkowsky, E. (2008), S. 319–320.
[22] Vgl. Bostrom, N. (2014), S. 115–125.

11

aus der Definition von Intelligenz ableiten lässt, sondern auch maßgeblich induktiv, nämlich durch die einzelnen Funktionen, Komponenten, Mechanismen und Fähigkeiten von KI von innen heraus definiert wird. Künstlicher Intelligenz kann mittlerweile eine Vielzahl von Funktionsbereichen untergeordnet werden, die selbst Gegenstand intensiver Forschung sind und sich weitestgehend mit dem Replizieren oder dem Erweitern (*Augmented Intelligence*)[23] der menschlichen Intelligenz zugrundeliegenden Fähigkeiten beschäftigen. Zu diesen Funktionsbereichen gehören z. B. die Forschungsgebiete der *Computer Vision*, des *Natural Language Processing*, des *Cognitive Computing* und des *Artificial Decision Making*.

Tab. 1: Definition von (künstlicher) Intelligenz und verwandten Begriffen

---

[23] Vgl. Araya, D. (2018), S. 4–7.

Begriff	Definition
Intelligenz	Die Fähigkeit komplexe Ziele zu erreichen.
Künstliche Intelligenz (KI)	Nicht-biologische Intelligenz
Enge Intelligenz	Die Fähigkeit ein begrenztes Spektrum an Zielen zu erreichen z. B. GO spielen oder ein Fahrzeug steuern
Allgemeine Intelligenz	Die Fähigkeit theoretisch jedes Ziel zu erfüllen, inklusive dem Erlernen weiterer Fähigkeiten
Universelle Intelligenz	Die Fähigkeit bei Zugriff auf große Datenmengen und ausreichende Energieressourcen allgemeine Intelligenz erlangen zu können
(Human-level) Künstliche allgemeine Intelligenz	Die Fähigkeit jede kognitive Aufgabe mindestens so gut wie ein Mensch ausführen zu können
Superintelligenz	Generelle Intelligenz, deren Befähigung über menschliche Kompetenz weit hinaus geht
„Intelligence Explosion" bzw. Singularität	Nicht aufhaltbare Selbstoptimierung von KI die zur Schaffung von Superintelligenz führt
„Friendly Artificial Intelligence"	Superintelligenz, deren Ziele mit den menschlichen Zielen in Einklang stehen

Quelle: Eigene Darstellung in Anlehnung an Tegmark, M. (2017), S. 39.

Ziel verschiedener Technologien der KI-Forschung ist es menschliches Verhalten oder Mechanismen der menschlichen Wahrnehmung zu replizieren. Die Replikation verspricht in der Konsequenz das Potenzial verschiedene Formen menschlichen Verhaltens an artifizielle Entsprechungen auszulagern.[24] Viele Big-Data Konzerne haben in dieser Form des Outsourcings menschlicher Kognitionsleistung hohes Gewinnpotenzial identifiziert, da es ihnen die Möglichkeit bietet den individuellen Konsum effizienter und zielgerichteter zu kontrollieren und zu beeinflussen.[25] Um im praktischen Teil

---

[24] Vgl. Buxmann, P. / Schmidt, H. (2019), S. 6-7.
[25] Vgl. Buxmann, P. / Schmidt, H. (2019a) S. 21-23.

der Arbeit die Frage näher beleuchten zu können, welche Folgen diese Outsourcing-Prozesse gedanklicher Leistung für die menschliche Kognition haben, sollen nun beispielhaft einige der Technologien und ihre Zielsetzung vorgestellt werden.

Bei der Computer Vision handelt es sich um eine Technologie mit dem Ziel der Nachbildung der menschlichen visuellen Wahrnehmung und den mit ihr verbundenen kognitiven Abstraktionsleistungen.[26] Generell lassen sich hier die Prozesse des Erkennens und des Erfassens unterscheiden. Beim Erkennen im Rahmen der Computer Vision wird mithilfe optoelektronischer Bildsensoren realisiert und garantiert die Digitalisierung des aufgenommenen Bildmaterials. Dieser Prozess ist vergleichbar mit der Transduktionsleistung des menschlichen Auges, welcher der Abstraktion und Erfassung des gesehenen Bildmaterials vorgeschaltet ist.[27] Nach der formativen Umwandlungen der Daten, können die internalisierten Daten interpretiert werden (Erfassen). Diese Interpretation und Kategorisierung wird mithilfe neuronaler Netzwerke (NN) gewährleistet, genauer den sogenannten Convolutional Neural Networks (CNN). Diese spezielle Form der lernfähigen Netzwerke werden mithilfe

---

[26] Vgl. Huang, T. S. (o. J.), https://cds.cern.ch/record/400313/files/p21.pdf.
[27] Vgl. Priese, L. (2015), S. 56–58.

sehr großer Datenmengen trainiert, die je aus einem Bild und einer vorgegebenen und möglichst präzisen Beschreibung des Materials bestehen. Mit jedem Trainingsbild passt sich die Struktur des NN und somit auch des zugrundeliegenden Algorithmus an.[28] Die Interpretationsleistungen eines CNN besteht darin, ganze Bilder zu kategorisieren (Image Classification) und einzelne Objekte innerhalb von Bildern oder Bildfolgen zu identifizieren (Object Identification).[29] Abbildung 3 versucht den Ansatz der Aufnahme und Verarbeitung von Informationen im Rahmen der Computer Vision zu verdeutlichen.

Der an die menschliche visuelle Wahrnehmung angelehnte artifizielle Sehprozess ermöglicht in vielen Konsumkontexten eine tiefergehende und technologisch gestützte Möglichkeit der Auswertung von Entscheidungsverhalten bei Konfrontation mit bestimmten visuellen Reizen, wodurch wiederum Konsumentenverhalten in eben jenen Kontexten gegebenenfalls effektiver beeinflusst, manipuliert bzw. gesteuert werden kann.[30] Die Identifikation der Effekte einer langfristigen Konfrontation des Konsumenten mit

---

[28] Vgl. Khan, S. u. a. (2018), S. 43–44.

[29] Vgl. Chan, A. L. / Der, S. Z. / Nasrabadi, N. M. (2002), S. 12–15.

[30] Vgl. PricewaterhouseCoopers (Hrsg.) (2018), https://www.pwc.de/de/business-analytics/sizing-the-price-final-juni-2018.pdf.

entsprechenden Technologien soll Ziel der qualitativen Analyse im Rahmen dieser Arbeit sein.

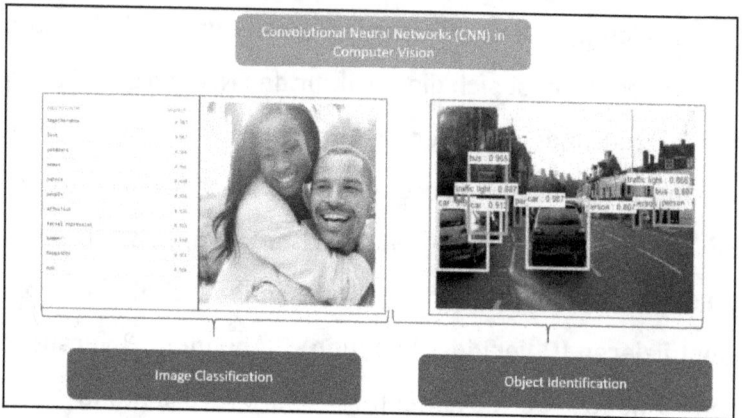

Abb. 3: Artifizielle Objektidentifikation und Bildklassifizierung durch Convolutional Neural Networks; *Quelle: Eßbauer, A. (2018a),*

Eine ähnliche Grundstruktur weist die Technologie des *Natural Language Processing* auf, bei welcher es die Verarbeitung sowie folgende Interpretation menschlicher Sprache im Vordergrund steht. Ähnlich wie bei der Technologie der Computer Vision ist es das Ziel des NLP aus akustisch übermittelten Signalen nicht nur wichtige Inhalte, sondern auch abstrakte Konzepte zu extrahieren, die wiederrum mit Bedürfnissen, Einstellungen und bisherigem Verhalten eines potenziellen Kunden abgeglichen werden sollen. Hierzu ist es zunächst notwendig, dass die analogen akustischen Signale in digital zu verarbeitende Signale und somit, durch künstlich-intelligente Applikationen interpretierbare Informationen, umgewandelt werden.[31]

Auch hier hat der Einsatz neuronaler Netzwerke dazu geführt, dass die Qualität der Wortidentifikation deutlich zugenommen hat. Das neuronale Netzwerk folgt hierbei dem gleichen Prinzip wie die CNN, die in der Computer Vision zum Einsatz kommen, d. h., dass die NN mithilfe von Big Data mit einer großen Menge von Trainingsdaten versorgt werden und lernen, aus diesen, mit Wortdeklarationen versehenen, Audiodateien Begriffe, Akzente, verschiedene Formen der Aussprache usw. zu erkennen und voneinander zu unterscheiden. Hierbei kommen vor allem sogenannte *Recurrent Neural Networks* (RNN) zum Einsatz. RNN bieten den Vorteil, dass sie nicht nur auf das, durch maschinelles Lernen basierende und antrainierte, Erfahrungswissen zurückgreifen, sondern auch eine Art Kurzzeitgedächtnis in Form eines temporären Arbeitsspeichers besitzen. Dies ermöglicht den RNN auch Spezifika der aktuell zu erkennenden bzw. zu verarbeitenden Quelle der eingehenden Informationen stärker zu berücksichtigen, sodass die Performance deutlich verbessert werden kann. Aus dem mit dem Langzeitgedächtnis zu vergleichenden Speicher werden Wahrscheinlichkeiten bereitgestellt, die auf einen identifizierten Begriff potenziell folgende Termini, oft verwendete Syntax oder Wortkombinationen betreffen. Die

---

[31] Vgl. Lee, K.-F. (2012), S. 1–4.

Kombination von langfristig erlerntem Wortidentifikationsvermögen mit der Berücksichtigung kurzfristiger Input-Spezifika bezeichnet man als *Long Short-Term Memory* (LSTM).[32] Durch die Implementierung von LSTM in das bestehende NN konnte beispielsweise die Spracherkennungssoftware von Google einen sofortigen Performance-Zugewinn erzielen und die Qualität der Spracherkennung somit deutlich verbessern.[33]

Die *Speech Recognition* ist jedoch lediglich dafür zuständig, bestimmten vorher digitalisierten Audiosignalen korrekte, von der Informationsquelle intendierte, Begriffe zuzuordnen. Eine inhaltliche Interpretation wird hierbei nicht durchgeführt. Durch Spracherkennung allein können somit keine Konzepte abstrahiert oder wichtige Informationen zusammengefasst werden. Hierfür ist eine (maschinelle) Interpretation der erkannten Sprachinhalte notwendig. Erst auf Basis interpretierter, also *verstandener* Informationen können Rückschlüsse auf die Bedürfnisse des potenziellen Konsumenten ermöglicht werden. Um dieses Verständnis zu ermöglichen müssen viele Komponenten menschlicher Sprache berücksichtigt und maschinell abgebildet werden, da sie alle dazu befähigt sind, auf verschiedene Weise Informationen zu

---

[32] Vgl. Hochreiter, S. / Schmidhuber, J. (1997), S. 1-3.
[33] Vgl. Alphabet (Hrsg.) (2015), https://ai.googleblog.com/2015/09/google-voice-search-faster-and-more.html.

transferieren. Zu diesen Komponenten gehören vor allem die Semantik, die Syntax und der Kontext der gesprochenen Inhalte.. Bei all diesen Komponenten handelt es sich um sehr schwer digitalisierbare Inhalte und nur selten um eindeutige Träger von Informationen, sodass die Forschung hier ebenfalls mithilfe von neuronalen Netzen zu einer spürbaren qualitativen Verbesserung gekommen, aber noch in keinem Fall auf dem Level menschlichen Verstehens und Interpretierens von Sprache angelangt ist.[34]

Nichtsdestotrotz ist es möglich, Inhalte, Konzepte und Konstrukte zu extrahieren und zu abstrahieren. Voraussetzung hierfür ist zunächst ein mit dem neuronalen Netz verbundenes speziell auf den Anwendungsfall hin konzipiertes Lexikon mit einer Vielzahl an Begriffen und den einem Kontext entsprechenden Bedeutungen. Diese Lexika werden zusätzlich oft mit semantischen Netzwerken verknüpft, um die Relation einzelner Begriffe zueinander darzustellen.[35]

Eine der am schwierigsten zu erfüllenden Voraussetzungen für die korrekte und tiefergehende Interpretation sprachlicher Botschaften ist die Modellierung des aktivierten und zugrundeliegenden Kontexts, in welchen die Kommunikation eingebettet ist.

---

[34] Vgl. Tur, G. u. a. (2018), S. 25–26.
[35] Vgl. Tur, G. u. a. (2018), S. 24–28.

Auch hier können bestimmtem Begriffen sowie Begriffskombinationen wahrscheinliche Kontexte zugeordnet werden, die ein neuronales Netzwerk dann verwerten kann, allerdings liegen solche Zuordnungen nur in überschaubarer Menge innerhalb der Big Data vor und müssten somit auch anwendungsspezifisch generiert werden. Hier liegt ein wesentlicher Unterschied zur Verwertung von Big Data durch Computer Vision. Hier liegen in der frei verfügbaren Datenmenge bereits so viele Zuordnungen von Bildmaterial und den beinhalteten Begriffen sowie Konstrukten vor, dass ein neuronales Netzwerk reliable Strukturen hier deutlich einfacher ausbilden kann. Die Datenbasis ist schlicht größer und bietet mehr zum Lernen verwertbares Material. Jedoch liegt hier auch ein Vorteil. Da in Kommunikationsbotschaften die informativen Inhalte von visuellem und akustischen Signalen meist einhergehen und verbunden sind, könnte in einer Kombination beider Informationsformen der Kontext für die Erkennung der tiefergehenden sprachlichen Inhalte aus der durch Computer Vision und dem zugehörigen CNN interpretierten Informationen an das NN der NLP geliefert werden. So könnte die Modellierung des Kontextes, der für die Interpretation der Sprache relevant ist, durch bestehende Ergebnisse aus der Interpretation des Bildmaterials deutlich erleichtert werden. Die beiden agierenden neuronalen Netzwerke müssten hierfür in Verbindung miteinander stehen.[36] Auch wenn diese Kombination bisher keine praktische Anwendung findet, können NLI-Systeme ähnlich wie Computer Vision mit Wahrscheinlichkeiten versehene, potenziell in der Botschaft übermittelte Informationen wie Produkteigenschaften, Preise und auch abstrakte Konzepte (z. B. Lebensfreude, Trauer, Beisammensein) extrahieren, auch wenn die Computer Vision hier eine höhere Treffsicherheit aufweist. Eine zusammenfassende Visualisierung des Informationsflusses im Funktionsbereich des NLP ist in Abbildung 4 ersichtlich.

Herkömmliche Informationsverarbeitungsprozesse von Computern folgen einer vorher festgelegten, programmierten Logik, welche in Form eines Algorithmus abgebildet wird. Der Output eines solchen Prozesses ist durch die statische Abfolge prognostizierbar und wird, ohne die Implementierung von Zufallsvariablen, bei gleichbleibendem Input immer wieder den gleichen Output liefern. Ziel des *Cognitive Computing* (CC) ist es, diese Form der Informationsverarbeitung zu erweitern, um so lernende und dynamische Systeme hervorzubringen.[37] Als Vorbild für

---

[36] Vgl. He, X. / Deng, L. (2018), S. 289-299.
[37] Vgl. Haun, M. (2014), S. 122-123.

die Entwicklung solcher Systeme dient der menschliche Kognitionsapparat. Gegenstrand des CC ist jedoch nicht die artifizielle Replikation biologischer Strukturen auf Zellebene, sondern vielmehr eine modellhafte Abstraktion kognitiver Mechanismen und neuronaler Strukturen, die es ermöglichen, dass sich der, einer Berechnung bzw. einem Informationsverarbeitungsprozess zugrundeliegende, Algorithmus sich eigenständig verändern und optimieren kann.[38] Da eine neuronale Struktur von Systemen sowie dynamische und lernende Algorithmen jedoch nicht alleinige Charakteristika der menschlichen Kognition sind, ist die langfristige Zielsetzung des CC Erkenntnisse vieler weiterer wissenschaftlicher Disziplinen zu integrieren. Zu diesen Disziplinen gehören Philosophie, Psychologie, Linguistik und auch Mathematik.[39] So soll das CC dazu beitragen dem transhumanistischen Ziel eine *human-level artificial intelligence* zu schaffen näher zu kommen.

---

[38] Vgl. Knight, S. (2011), https://www.techspot.com/news/45138-ibm-unveils-cognitive-computing-chips-that-mimic-human-brain.html
[39] Vgl. Haun, M. (2014), S. 122.

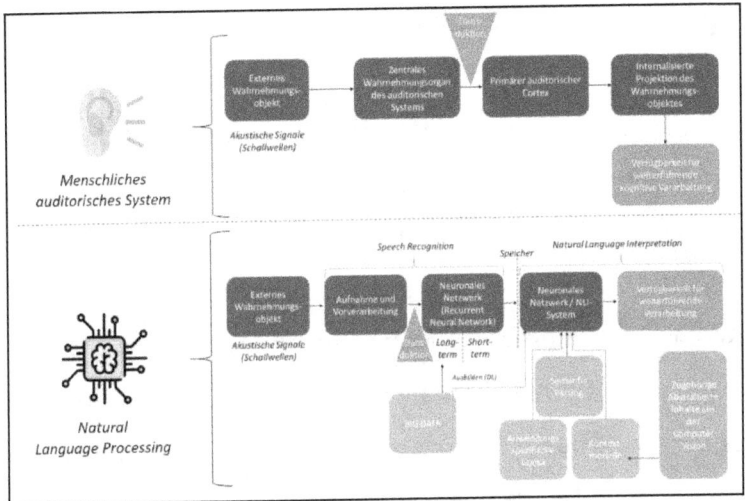

Abb. 4: Informationsfluss im auditorischen System vs. Natural Language Processing; *Quelle: Eigene Darstellung.*

Um einen sehr komplexen menschlichen Entscheidungsprozess künstlich nachbilden zu können, ist es nicht ausreichend, dass künstlich intelligente Systeme visuelles und akustisches Material aufnehmen und dazu Abstraktionen generieren können. Die extrapolierten Daten müssen miteinander in Relation gebracht werden und folglich mit weiteren Entscheidungsgrößen und Variablen abgeglichen werden. Im CC wird in diesem Zusammenhang das Ziel formuliert, dass künstlich kognitive Prozesse analog ihrer menschlichen Vorbilder Informationen zu Wissen aufbereiten bzw. veredeln. Spezifische Eigenschaften der menschlichen Kognition sind für die Forschung in diesem Bereich elementar. Diese

Eigenschaften lassen sich grundlegend alle den vier übergeordneten Kategorien der Anpassungs- und Lernfähigkeit, Interaktivität, Iterativität und Kontextualität subsumieren.[40]

Eine Technologie, die diesen Anforderungen gerecht zu werden ersucht ist das künstliche neuronale Netz. Künstliche neuronale Netze bzw. Netzwerke wurden bereits in den Abschnitten, in denen artifizielle Bild- und Sprachverarbeitung beschrieben wurden, thematisiert. Neuronalen Netzwerken immanent, ist die Fähigkeit zu lernen. Als harte Voraussetzungen für die Ausbildung eines lernenden Systems durch ein neuronales Netz und somit auch der Kreation einer artifiziellen Gedächtnisstruktur, werden die Fähigkeiten von NN beschrieben, die den Elementarprozessen des Modelles zur elementaren und komplexen menschlichen Informationsverarbeitung – Aktivieren, Hemmen, Verknüpfen, Entknüpfen – sehr ähnlich sind. Um ein lernendes System zu konstruieren, müssen NN dazu befähigt sein neue Verbindungen und neue künstliche Neuronenverbände zu entwickeln und auszubilden, existierende Verbindungen und Neuronenverbände zu eliminieren, Gewichtungen auszubilden und zu modifizieren sowie ihre eigenen Rechenfunktionen zu adaptieren.[41]

---

[40] Vgl. Contractor, D. / Telang, A. (2017), S. 1–2.

Unter der Kognition eines Menschen lassen sich definitorisch alle Prozesse der Informationsum-gestaltung subsumieren, die vom verhaltensgesteuerten System ausgeführt werden. Umfassender lässt sich Kognition aber auch als alle mit dem Wahrnehmen, Erkennen und Verarbeiten von Informationen zusammenhängenden psychologischen Prozesse beschreiben. Nach dieser weiten Definition wären die beschriebenen perzeptiven Systeme (auditorisches System und visuelles System) auch Teil der Kognition und somit auch der kognitiven Verarbeitung. Im Fokus stehen die Umgestaltung, Kategorisierung, Verknüpfung, Priorisierung, Abstraktion und Aufbereitung der, durch die Wahrnehmungsorgane aufgenommenen und somit internalisierten, Informationen sowie der Einfluss dieser verarbeiteten Informationen auf Verhalten, Einstellungen und den menschlichen Entscheidungsprozess. Um ein allgemeines Verständnis für den Ablauf kognitiver Prozesse zu gewährleisten, soll vorangehend jedoch ein allgemeines kognitives Architekturmodell vorgestellt werden: das Modell zur elementaren und komplexen menschlichen Informationsverarbeitung (MEKIV).[42]

Dieses Rahmenmodell setzt voraus, dass den

---

[41] Vgl. Haun, M. (2014), S. 98.
[42] Vgl. Hussy, W. (1993), S. 46-55.

kognitionspsychologischen Abläufen neuronale Abläufe zugrunde liegen, die aus den vier sogenannten Elementarprozessen bestehen. Diese Elementarprozesse – Aktivieren, Hemmen, Verknüpfen, Entknüpfen – können reine Information zu Wissen veredeln und sind grundlegende Voraussetzung für die Ausbildung eines Gedächtnisses. Das menschliche Gehirn und die Struktur seiner Neuronen und dessen Verbindung lassen sich als parallelvernetztes System (neuronales Netzwerk) bezeichnen, innerhalb dessen diese Elementarprozesse Anwendung finden.[43] Über das sensorische Register werden Signale aus der Umwelt aufgenommen. Es erfolgt eine Transduktion der eingehenden Informationen, welche dann in einer der Strukturen des Langzeitgedächtnisses gespeichert werden.[44] Die *evaluative Struktur* enthält bereits vorhandenes und erfahrenes Bewertungswissen und bildet eine bedeutsame Schnittstelle zu emotionalen Aspekten von Erfahrungen und Wissen.[45] Die *epistemische Struktur* beinhaltet bereits gebildete Schemata, ihnen untergeordnete und zu ihnen in Beziehungen stehende Sachverhalte oder Objekte. Es bildet mentale Repräsentationen dieser Entitäten ab.[46] In der

---

[43] Vgl. Tobinski, D. (2017), S. 33.
[44] Vgl. Tobinski, D. (2017), S. 34.
[45] Vgl. Hussy, W. (1983), S. 49-52.
[46] Vgl. Dörner, D. (1979), S. 28-30.

heuristischen Struktur sind erprobte Lösungswege für Probleme und komplexe Situationen abgelegt, sogenannte Heuristiken. Es handelt sich um Metakognitionen, also „Abkürzungen" in der Informationsverarbeitung, die es ermöglichen bei unübersichtlicher Informationsmenge auf Basis einfacher Daumenregeln dennoch sinnhafte Entscheidungen zu treffen.[47] Der *zentrale Prozessor* ist für die Aktivierung und Steuerung aller kognitiven Komponenten verantwortlich und erstellt für jede neue Situation der Verarbeitung eine Kombination der vorhandenen Informationen aus den Strukturen des Langzeitgedächtnisses und den eingegangenen Signalen aus dem sensorischen Register. Er bildet die Schnittstelle zwischen Arbeitsgedächtnis und Langzeitgedächtnis, in dem er die, für die neue Bewertungssituation zusammengestellte, Informationskombination in das Arbeitsgedächtnis transponiert.[48] Aus dem Arbeitsgedächtnis kann auf Basis dieser Informationskombination ein der Situation entsprechendes Verhalten abgeleitet werden, welches wiederrum durch das motorische Programmsystem realisiert wird und sich in der Konsequenz auf die Umwelt auswirkt.[49] In Abbildung 5 ist die Wechselwirkung der einzelnen Komponenten der

---

[47] Vgl. Tobinski, D. (2017), S. 34. bzw. Vgl. Dörner, D. (1979), S. 37–38.
[48] Vgl. Hussy, W. (1998), S 82.
[49] Vgl. Tobinski, D. (2017), S. 34–35.

Kognition innerhalb dieses Modells visualisiert.

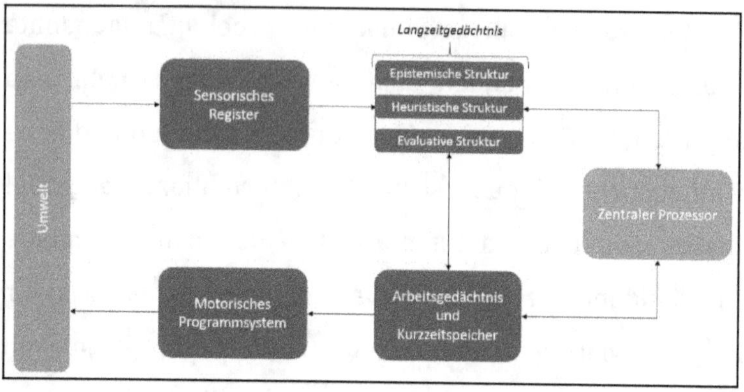

Abb. 5: Modell zur elementaren und komplexen menschlichen Informationsverarbeitung; *Quelle: Eigene Darstellung in Anlehnung an Tobinski, D. (2017), S. 34-36.*

Der Mensch samt seiner Kognition ist folglich ein mit seiner Umgebung in Wechselwirkung stehendes offenes System, dessen Verhalten, Denken, Fühlen und Wahrnehmen auf Deutungsmustern beruht. Dieses offene System gilt zudem als emergentes System, das heißt, dass alle der Kognition zugrundeliegenden Mechanismen in ihrer Kombination eine neue übergeordnete Seinsstufe erreichen.[50] Die Verbindung kognitiv repräsentierter Sachverhalte wird aus Sicht der der Gestalttheorie nicht durch pure Wiederholung und Reaktivierung geschaffen, sondern steht in Verbindung mit Beziehungen, die einzelne Repräsentationen von Sachverhalten und Objekten

---

[50] Vgl. Gruber, M. (2011), S. 73.

untereinander haben. Zudem wird das menschliche Gedächtnis als eine sich immer wieder auf Basis neuer Assoziationen reorganisierende, differenzierende und optimierende Struktur beschrieben. Neben der Emergenz des Individuums erkennt die Gestalttheorie auch die Emergenz des Kollektivs an und prognostiziert die Verbesserung der Entscheidungsqualität und eine Verstärkung kognitiver Prozesse, sobald sich Menschen in Gruppen organisieren.

Die einzelnen Technologien, welche in den vorangegangenen Abschnitten vorgestellt wurden, haben Informationen aus verschiedenen Sinnesmodalitäten aufgenommen und verarbeitet. Hierbei wurde bereits auf verschiedene Arten neuronaler Netze zurückgegriffen, die letztendlich eine veredelte (abstrahierte) Form der eingehenden Daten ausgeben bzw. weitergeben. Im folgenden Schritt könnte ein übergeordnetes neuronales Netzwerk diese Informationen wiederrum weiter transformieren und veredeln, in dem es darüberhinausgehende Informationen mit den bestehenden kombiniert und diese ebenfalls auf Basis einer künstlichen neuronalen Struktur aufbereitet. Hier könnten also die Sinneseindrücke der Computer Vision und des Natural Language Processing und weitere, für die Kaufentscheidung relevante, Informationen sowie die

Einsichten und Erkenntnisse über das Entscheidungssubjekt (potentieller und zufriedenzustellender Konsument) harmonisiert und kombiniert werden, um so einen übergeordneten Entscheidungsprozess abbilden zu können.[51]

Die Darstellung Funktionsweise dieser artifiziellen Informationsverarbeitungsformen zeigen auf, dass Technologien bestehen und weiterentwickelt werden, die es ermöglichen menschliches Entscheidungsverhalten zu modellieren und innerhalb dieser Modelle auszuführen.

Auch wenn künstlich intelligente Anwendungen aus sensorischen Signalen wichtige Informationen generieren, Konzepte abstrahieren und diese Daten weiter aufbereiten können, reicht dies nicht um einen konkreten Entscheidungsprozess an diese Anwendungen auszulagern. Eine Entscheidung, analog einer menschlichen Kaufentscheidung, wurde durch die Veredelung der Daten noch nicht getroffen. Hierfür ist die finale Bündelung der verarbeiteten Daten, sowie deren endgültige Bewertung notwendig. Künstliche Entscheidungsprozesse können gestaltet werden, sind in ihrer Konzeption jedoch stark abhängig von der

---

Entscheidung, die sie zu treffen ersuchen.[52] So wie es für den Menschen einfache, auf wenigen ausschlaggebenden Daten beruhende Entscheidungen gibt, so ist auch die Ausgestaltung eines künstlichen Entscheidungsprozesses stark durch die zu berücksichtigenden Variablen beeinflusst. Wie bereits angedeutet, handelt es sich bei dem Kaufentscheidungsprozess um einen komplexen Ablauf, woraus sich ergibt, dass diese Art von Entscheidungen stets unter einer gewissen Unsicherheit in mindestens einer der betroffenen Entscheidungsvariablen getroffen werden muss. Hier liegt die Herausforderung in der Abbildung solcher Entscheidungsabläufe durch Algorithmen.[53] Entscheidungen unter Sicherheit werden bereits heute umfassend durch Software getroffen, ohne dass ihnen das Attribut „intelligent" zugeschrieben wird.

Die Herausforderung Kaufentscheidungen zu automatisieren liegt also in der Komplexität der beteiligten kognitiven Abläufe und einflussnehmenden Informationen. Durch die Verwendung künstlicher und zum Lernen befähigter neuronaler Netzwerke wird hier die Möglichkeit geschaffen, diese Komplexität in möglichst authentischen, menschlichen Entscheidungen zu kanalisieren.[54] Um eine

---

[52] Vgl. Hryniewicz, R. (2018), https://de.hortonworks.com/blog/three-things-ceos-should-know-about-the-use-of-artificial-intelligence-in-decision-making/.

[53] Vgl. Ahmad, A.-R. u. a. (2008), S. 321-324.

[54] Vgl. Pedrycz, W. u. a. (2008), S. 80-82.

31

belastbare artifizielle Entscheidung herbeiführen zu können, ist es notwendig so viele einflussnehmende Informationen wie möglich zu integrieren.[55] Natürlich können nicht alle Informationen und Prädispositionen, welche den menschlichen Kaufentscheidungsprozess beeinflussen, artifiziell abgebildet werden. Jedoch sollten die herangezogenen Daten die Belastbarkeit und Qualität der Entscheidung, die letztendlich anhand der Zufriedenheit des durch die KI vertretenen Kunden gemessen wird, soweit herstellen, dass sie mindestens auf dem Niveau durchschnittlicher menschlicher Kaufentscheidungen und der daraus resultierenden Zufriedenheit liegen.[56]

Aus den Bereichen der Computer Vision und des Natural Language Processing werden für diesen artifiziellen Kaufentscheidungsprozess wichtige Informationen geliefert, die anschließend durch neuronale Netzwerke im Sinne des Cognitive Computing aufbereitet werden. Diese Abstraktionen sind elementar, jedoch nicht ausreichend um eine Entscheidung herbeizuführen. Auch bei menschlichen Kaufentscheidungen reichen Produktinformationen nicht aus, wenn wir diese nicht mit unseren Bedürfnissen abgleichen könnten.[57] Somit ist es auch für den künstlichen Kaufentscheidungsalgorithmus

---

[55] Vgl. Tweedale, J. u. a. (2008), S. 399-401.
[56] Vgl. Pohl, J. (2008), S. 41-49.
[57] Vgl. Moser, K. (2015), S. 30-32.

notwendig, über Einsichten zu verfügen, die es ermöglichen Bedürfnisse, Einstellungen und Erfahrungen der Konsumenten in der Berechnung zu berücksichtigen. Dieses wichtige Feld der *Consumer Insights* muss in die Entscheidungsfindung integriert werden. Auch hier lautet der Schlüssel zur Extraktion der richtigen und wichtigen Informationen über die Konsumenten *Big Data* und künstliche neuronale Netze.[58]

Daten dieser Art werden bereits jetzt in hohen Mengen durch große Konzerne erhoben und gehandelt, um Kunden mit personalisierter Werbung versorgen zu können, jedoch auch im Hinblick auf den zukünftigen Wert und zukünftige Verwendungsmöglichkeiten dieser Daten. Durch die Speicherung kundenspezifischer Daten, die bei jedem Kauf, sowohl online, als auch offline generiert werden und die darauffolgende Verarbeitung, Kompression und Interpretation dieser Daten durch neuronale Netzwerke, kann so ein umfassendes Kundenbild erstellt werden. Dieses Bild beinhaltet bspw. bevorzugte Produkte, Produktkategorien und Marken, wahrscheinliche Einstellungen und Eigenschaften, eine Schätzung über das zur Verfügung stehende Einkommen oder eine demografische bzw. psychografische Einordnung des

---

[58] Vgl. Crimson Hexagon (Hrsg.) (o. J.),
　　https://www.crimsonhexagon.com/blog/what-is-ai-artificial-intelligence-gets-real/.

Kunden. Die neuronalen Netze abstrahieren aus den getroffenen Kaufentscheidungen tiefe Einsichten in das Kaufverhalten der Konsumenten. Je mehr Käufe getätigt und somit Daten generiert werden, desto umfassender und präziser ist diese Einschätzung des Kunden.[59]

Smart Cities.

Auch wenn dem Begriff der *Smart City* ein intuitives Verständnis seiner Ziele, Inhalte und Konzepte mitzuschwingen vermag, besteht analog zur künstlichen Intelligenz keine einheitliche Definition dieser umfassenden Idee.[60] Die Ansätze der Philosophie einer Smart City einen definitorischen Rahmen zu bieten sind sehr vielfältig. Es soll nicht versucht werden eine normative Definition einer Smart City zu generieren, sondern vielmehr ein Verständnis für den Kontext der Verwendung des Begriffes im Verlaufe dieser Arbeit geschaffen werden, welches die zentralen Inhalte, Elemente und Ziele des Konzeptes widerspiegelt.

Die Besonderheit bei dem Versuch eine Smart City zu definieren, liegt darin, dass dies aus unterschiedlichen

---

[59] Vgl. Mülling, E. (2019), S. 4–5.
[60] Vgl. Dameri, R. P. (2013), S. 2545.

Perspektiven erfolgen kann.[61] Zum einen entspringt die Idee einer Smart City den Visionen, Träumen und idealen des Techno-Utopismus und stellt die Umsetzung der Prinzipien dieser Bewegung im urbanen Raum dar. In einer solchen Utopie ermöglicht der gezielte Einsatz von Technologie die Amplifizierung generisch guter menschlicher Eigenschaften, intensiviert und optimiert zwischenmenschliche Kommunikation, befreit den Menschen von entfremdeter Arbeit und demokratisiert die Gesellschaft in der Konsequenz umfassend.[62] Das Bild einer idealen Gesellschaftsordnung, wie es bereits von Platon in *Der Republik*, Thomas Morus in *Utopia*, Francis Bacon in *Nova Atlantis*, Aldous Huxlex in *Eiland* oder H. G. Wells in *A Modern Utopia* auf unterschiedliche Weise gezeichnet wurde, kann aus Sicht des Techno-Utopismus mithilfe intelligenter Technologien erreicht werden. Die Verortung dieser Erreichung – das digitale Walhalla – ist die Smart City, in welcher alle Technologien, die der Schaffung einer idealen Gesellschaftsordnung zuträglich sind, praktische Anwendung finden.[63]

Diese utopie- und visionsgetriebene Definition einer Smart City führt im gesellschaftlichen Diskurs sicherlich zu einem bedeutsameren Narrativ, wenn es um die

---

[61] Vgl. Liu, D. / Huang, R. / Wosinski, M. (2017), S. 4-5.

[62] Vgl. Elliott, A. (2019), S. 86.

[63] Vgl. Kammerbauer, M. (2019), S. 78-80.

Entwicklung von Städten geht, jedoch vermag dieser Ansatz nicht den notwendigen Detailgrad für eine wissenschaftliche Auseinandersetzung sowie die Derivation von Hypothesen hinsichtlich des Einflusses auf in ihr lebende Individuen zu ermöglichen. Dameri versucht daher eine deduktive Definition dieses Phänomens zu finden und hält eine *bottom-up* Definition und somit die Konstitution des Phänomens durch die einzelnen zur Anwendung findenden Technologien und Interaktionen für den richtigen Ansatz.[64] Die zunehmende globale Urbanisierung führt zu großen Herausforderung in der Bewältigung des komplexen Lebens in der Stadt. Der Begriff der Smart City funktioniert hier als Kollektion für alle Bestrebungen in einem abgegrenzten urbanen Raum, eben diesen mithilfe von moderner Technologie effizienter, ökologisch nachhaltiger, inklusiver und demokratischer zu gestalten und Antworten auf die durch die Urbanisierung entstehenden Herausforderungen zu finden.[65] Eine Smart City sei demnach „ [...]ein abgegrenztes geografisches Areal, in welchem fortgeschrittene Technologien wie ICT, Logistik, Energiegewinnung etc. so miteinander agieren, dass für die Bewohner dieser Stadt Vorteile hinsichtlich des allgemeinen Wohlbefindens, der Inklusion und Teilhabe, der

---

[64] Vgl. Dameri, R. P. (2013), S. 2544-2546.
[65] Vgl. Mboup, G. / Oyelaran-Oyeyinka, B. (2019), S.8-9.

ökologischen Lebensqualität sowie der intelligenten Entwicklung ergeben [...]."[66]

In der Literatur werden einer Smart City weitere zentrale Eigenschaften zugeschrieben, z. B. dass es sich bei einer Smart City keinesfalls um einen statischen Zustand, sondern vielmehr um einen fortwährenden und dynamischen Prozess der Innovation, Disruption und Selbstentdeckung von Städten handelt, welcher zu keinem Zeitpunkt abgeschlossen ist.[67] Dieser Umstand ist vor allem vor dem Hintergrund der Betrachtung von Smart Cities im Rahmen der Akteur-Netzwerk-Theorie von Bedeutung, denn auch hier wird eine Stadt nicht als physikalischer und statischer Raum gesehen, sondern vielmehr als eine Emergenz aus der Interaktion allen in der Smart City verorteten Entitäten sowie der Interaktion mit anderen Metropolen, sodass sich die Idee einer Smart City letztendlich als ein Netzwerk „inter-metropolitaner Raumsysteme"[68] darstellt, in welchem sich das Individuum als Akteur konstitutiv und gestalterisch einbringt.[69] Diese Sichtweise auf das Phänomen der Smart City ist vor allem dahingehend hilfreich, als dass sie das Individuum in ihre Definition einschließt und die Wechselwirkung sowie die

---

[66] Dameri, R. P. (2013), S. 2549.

[67] Vgl. Gutzmer, A. (2016), S.4.

[68] Gutzmer, A. (2018), S. 14.

[69] Vgl. Gutzmer, A. (2016), S.11-13 bzw. Krieger, D. J. / Belliger, A. (2014), S. 62-65.

bereits angesprochene Reziprozität von urbanem Lebensraum und seinen Bewohnern anerkennt.[70]

Der Begriff der Smart City wird sowohl im öffentlichen als auch im wissenschaftlichen Diskussionsraum oft als Synonym zur Digital City verwendet.[71] Es ist nicht anzuzweifeln, dass im heutigen Sprachgebrauch mit dem Attribut „Smart" auch die Digitalisierung konnotiert wird. Doch scheinen sich eine umfassende Digitalisierung und eine fortschreitende Urbanisierung auf den ersten Blick auszuschließen, denn der fortschreitende Prozess der Digitalisierung hat auch konsequent eine physische Enträumlichung sowie den Eskapismus des Einzelnen in virtuelle Realitäten proklamiert. Doch findet diese Enträumlichung nicht universell statt, sondern ergänzt vielmehr die physikalischen urbanen Räume um eine weitere Komponente, den *Digital Urban Space*. Diese Erweiterung des Stadtbegriffes, den das Konzept der Smart City beinhaltet, ist wesentlicher Treiber der Dynamik des Innovationsprozesses einer Smart City, denn sie vervielfältigt die gestalterischen Einflussmöglichkeiten der innewohnenden Akteure – seien es Individuen, Unternehmen oder sonstige Akteure – aber somit auch die Systemkomplexität erheblich.[72] Zusammenfassend lassen

---

[70] Vgl. Gutzmer, A. (2016), S.17–18.
[71] Vgl. Dameri, R. P. (2017), S.1.
[72] Vgl. Gutzmer, A. (2018), S. 32.

sich diese Aspekte und definitorischen Merkmale einer Smart City für das dieser Arbeit zugrundeliegende Konzeptverständnis wie in Abbildung 6 dargestellt, visualisieren.

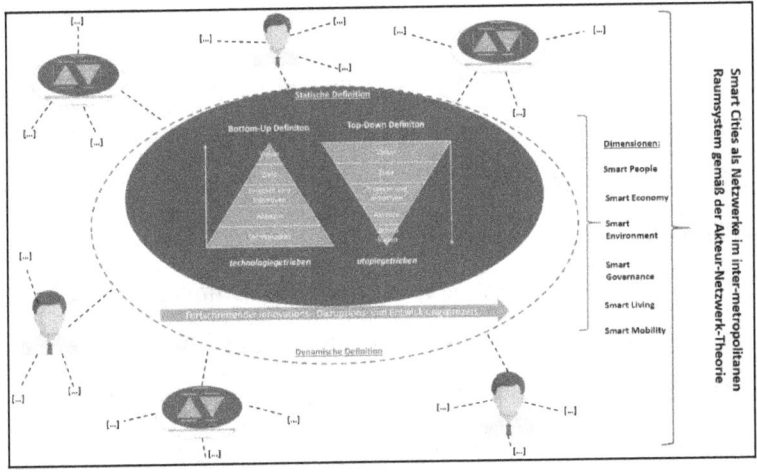

Abb. 6: Zusammenführung definitorischer Kriterien für Smart Cities
Quelle: Eigene Darstellung in Anlehnung an . Gutzmer, A. (2016) bzw. Gutzmer, A. (2018) bzw. Dameri, R. P. (2017).

Die einzelnen Technologien, Anwendungsfälle, Arbeitsfelder, Projekte und Ideen im Rahmen des Smart City Prozesses sind sehr vielschichtig und setzen an unterschiedlichsten Punkten des urbanen Lebens an. Im Folgenden Kapitel soll zur Schaffung von Übersichtlichkeit eine Kategorisierung bzw. eine Spezifizierung der einzelnen Dimensionen einer Smart City nach Maßgabe der vorangegangenen Definition erfolgen.

Der Mensch nimmt Informationen jeglicher Art über sein sensorisches System wahr, verarbeitet diese basierend auf einer Vielzahl von komplexen kognitiven Prozessen und zieht aus diesen Informationen Schlussfolgerungen für seine Handlungen und Entscheidungen.[73]

Smart People. „*The attitudes and behaviours of the people themselves in all walks of life can propel a city to Smart City status, or keep it lagging behind the rest of the competition.*"[74]

Ein wesentlicher Bestandteil einer smarten Stadt sind ihre Bewohner, ihre Eigenschaften und ihr Verhalten.[75] Um die Vision einer Smart City umsetzen zu können, ist es notwendig, dass ihre Bewohner eine diesem kollektiven Entwicklungsprozess zuträgliche Geisteshaltung aufweisen. Dieses Mindset sollte transparent in allen Facetten der urbanen Sphäre gelebt werden, sei es in den Schulen und Universitäten, im Berufsleben, im privaten Bereich oder in der Gemeinschaft.[76] Weitsicht hinsichtlich dem Schutz der unmittelbaren und natürlichen Umwelt sowie einem nachhaltigen und gesunden Lebensstil gehören zu zentralen Merkmalen eines *Smart Citizens* und bilden zudem die Grundlage eines erfolgreichen Wandels

---

[73] Vgl. Ansorge, U. / Leder, H. (2017).

[74] Govada, S. S. / Spruijt, W. / Rodgers, T. (2017), S. 192.

[75] Vgl. Vaquero-García, A. / Álvarez-García, J. / Peris-Ortiz, M. (2017), S. 21-23.

[76] Vgl. Govada, S. S. / Spruijt, W. / Rodgers, T. (2017), S. 192-193.

bzw. einer kollektiv getragenen Entwicklung von einer Stadt zur Smart City. Die Bereitschaft zu politischem Engagement und zu interaktivem demokratischem Diskurs in Hinsicht auf die Gestaltung der Stadt sind wichtig, um die kontinuierliche Verbesserung sowie Neuausrichtung des urbanen Netzwerkes sicherzustellen und seine Anpassungsfähigkeit zu bewahren.[77]

Um langfristig Vorzüge durch den Einsatz experimenteller Technologien zur Steigerung der urbanen Lebensqualität zu erzielen, ist es notwendig eine hohe Anzahl dieser Technologien zu testen und zu verbessern sowie das Feedback der Nutzer zu implementieren. Somit ist die generelle Bereitschaft eines Bewohners zur Anwendung der neu geschaffenen technologischen Infrastruktur durch ihre verschiedenen Applikationen von besonderer Wichtigkeit für das Fortbestehen einer Smart City Philosophie und ihrer inhärenten Entwicklungen.[78]

Smart Economy. *„Smart economy aims for and shows high ability to transform the Smart City with the efficient utilization of ICTs in every aspect of its economic activities. Therefore, a smart city with a smart economy has a clear long-term economic vision, which is agreeable to civil*

---

[77] Vgl. Repenning, A. (2016), S. 202–203.
[78] Vgl. Iyengar, R. S. (2017), S. 33–35.

society, public and private sectors, and other relevant stakeholders.[79]

Auch in dieser Definition lässt sich die utopische Antriebskraft aller Bestrebungen erkennen, um die Entwicklung einer Stadt hin zu einer Smart City voranzutreiben sowie die Idee eines umfassenden ökonomischen Modelles im smarten urbanen Raum zu implementieren. Ziel einer Smart Economy ist es, mit dem Einsatz kontemporärer Technologien die Produktivität einer Stadt zu erhöhen, indem das Humankapital der Bewohner maximiert wird.[80] Hier lassen sich Schnittpunkte zu den Bereichen Smart People sowie Smart Governance feststellen, denn um das Humankapital im urbanen Raum zu maximieren, sind innovative und effektive Wissenstransfermodelle sowie eine munizipale Steuerung bzw. auch der zielgerichtete Einsatz des entsprechenden individuellen und kollektiven Humankapitals von besonderer Notwendigkeit.[81]

So definiert sich eine Smart Economy also auch immer unter der Philosophie des Problemlösens und nicht als reines wachstums- und gewinnorientiertes Wirtschaftsmodell. Die Verbesserung der Lebensqualität soll durch die innerhalb der Smart Economy vorgebrachten

---

[79] Vinod Kumar, T. M. / Dahiya, B. (2017), S. 42.
[80] Vgl. Govada, S. S. / Spruijt, W. / Rodgers, T. (2017a), S. 176-177.
[81] Vgl. Govada, S. S. / Spruijt, W. / Rodgers, T. (2017), S. 196.

innovativen Lösungen selbst generiert werden und nicht nur aus dem steigenden Einkommen der Stadt durch die Verfolgung lediglich profitabler Geschäftsmodelle.[82] In der Literatur wird hier von einem angestrebtem nachhaltigem Wachstum gesprochen, mit dem Ziel eine gesamtwirtschaftliche Balance zu erreichen. Zur Abkehr dieses urkapitalistischen Wachstumsmodells hin zu einer zwar immer noch ertragreichen, aber humaneren und umweltfreundlicheren – eben smarten – Ökonomie gehört ebenfalls die Wahrung des städtischen Kulturerbes sowie Investitionen in Kooperationsprojekte mit Universitäten.[83]In einer Smart Economy fungieren Produktivität und Innovation (bzw. Disruption) als gegenseitiger Akzeleratoren. Für die Maximierung des Humankapitals sowie der Innovationsrate der Smart City ist es daher elementar, eine florierende und attraktive Start-Up-Ökonomie aufzubauen und zu erhalten. Auch dies sollte strukturell durch entsprechende Aktivitäten im Bereich der Smart Governance initiiert und gefördert werden, sodass die gesamte urbane Bevölkerung von der Innovationsfreude und Technologieoffenheit profitieren kann und Synergien[84] entstehen.[85]

---

[82] Vgl. Liu, D. / Huang, R. / Wosinski, M. (2017), S. 8-10.

[83] Vgl. Vinod Kumar, T. M. / Dahiya, B. (2017), S. 13.

[84] Vgl. Haken, H. / Portugali, J. (2017), S. 74.

[85] Vgl. Singh, D. (2017), S. 82-84. bzw. Gutzmer, A. (2018), S. 36-37.

Smart Environment. *„A smart environment implements smart resource management for public open spaces to create a place where the people as well as the natural ecology and biodiversity can coexist in the dense urban environment in balance to provide a stimulating milieu for people to live, work and spend leisure time."*[86]

Die Vision einer Stadt, die im Einklang mit den sie umgebenden natürlichen Ressourcen besteht und keine expandierende Bedrohung der örtlichen Biodiversität darstellt, ist das Fundament des Smart Citiy Environments. Mithilfe von Big Data Analysen und neuronaler Netze können die von flächendeckend aufgestellten Sensoren erfassten Informationen zu verschiedenen wichtigen ökologischen Kennzahlen, effektiv und effizient interpretiert und in ein entsprechendes Management-System integriert werden, welches ggf. KI-gestützte Entscheidungen autonom trifft, wie z. B. in den Bereichen der Wasser- und Stromversorgung, der Emissionskontrolle oder der Abfallentsorgung.[87]

Um als Smart City ein Smart Environment für alle Akteure zu bieten, ist es notwendig, dass die Stadt interne sowie externe ökologische Systeme konserviert und die

---

[86] Govada, S. S. u. a. (2020), S. 59.
[87] Vgl. Vinod Kumar, T. M. (2020), S. 20-21.

Biodiversität dieser Systeme aktiv fördert und nicht gefährdet. Die umgebenden natürlichen Ressourcen sollten in die DNS der Smart City aufgenommen sein und so ihre Individualität wahren. Die Sauberkeit und Begrünung der Stadt sind maßgeblich für die Schaffung einer Smarten Umwelt für ihre Bewohner. Im Sinn der Nachhaltigkeit sollte eine Smart City in diesem Bereich ebenfalls ein „low-carbon environment"[88] anstreben sowie den Bezug erneuerbarer Energie für die Versorgung fokussieren. Die Maßnahmen im Umgang mit ökologischen Herausforderungen sollten die Resilienz des urbanen Netzwerkes langfristig stärken und sich der Dynamik dieser Herausforderungen stetig anpassen.[89] Zur Schaffung eines Smart Environment ist jedoch nicht nur die Umwelt im ökologischen Sinne, sondern ebenfalls das Umfeld der Akteure in der Definition eingeschlossen. Durch Begrünung und sinnvolle Architekturplanung sollen lebhafte Nachbarschaften entstehen, die die Zusammengehörigkeit in der Stadt stärken und so für mehr Kooperation und letztendlich auch eine höhere Lebensqualität zu sorgen.[90]

Smart Governance. *„Smart Governance is arguably the most important element of a Smart City since the content of*

---

[88] Vinod Kumar, T. M. (2020), S. 23.
[89] Vgl. Liu, D. / Huang, R. / Wosinski, M. (2017), S. 7.
[90] Vgl. Budde, P. (2014), S. 10.

a public policy, or the lack thereof, will have a leading role in whether a particular issue is tackled 'smartly' or not. Smart Governance includes a common vision, public participation; public services, transparency; access to information; public-private and community partnerships; e-governance; proactive public policy and effective leadership."[91]

Um die nachhaltige Entwicklung des urbanen Lebensraums zu ermöglichen, ist in einer Smart City eine Orchestrierung aller Akteure notwendig, deren Qualität mithilfe moderner Technologien verbessert werden kann. Auch hier wird für die Optimierung auf eine große Menge in der Stadt aggregierter Daten zur Entscheidungsgrundlage und nach Interpretation durch neuronale Netze herangezogen. Ziel dieser Orchestrierung ist es, die Ressourcen der Stadt koordinativ und im Sinne zu schaffender Synergien zusammenzubringen.[92]

Das Themenfeld der Smart Governance ist vielfältig und umfasst auch das Community Building innerhalb der Smart City mit dem Ziel urbane Gemeinschaften zu fördern und so das städtische Engagement sowie die Partizipation in Fragen der Stadtentwicklung und -gestaltung zu erhöhen. Auch das vernetzen mit angrenzenden urbanen Agglomerationen sowie anderen Stakeholdern der Smart

---

[91] Govada, S. S. / Spruijt, W. / Rodgers, T. (2017b), S. 202.

[92] Vgl. Walser, K. / Haller, S. (2016), S. 20 bzw. Govada, S. S. / Spruijt, W. / Rodgers, T. (2017c), S. 247.

City zur Schaffung städtischer Beziehungsnetzwerke ist Teil der Smart Governance.[93]

Geeignete Strukturen und Modelle zur Partizipationsmöglichkeit der Bewohner müssen implementiert, werden um diese jeweilig innerhalb der kooperativen Projekte zu erreichenden Ziele festzulegen. Um die hierbei entstehende Komplexität zu bewältigen, können KI-gestützte Systeme in vielerlei Hinsicht hilfreich sein.[94] Als Beispiele für solche Smart-Governance-Ansätze sind die Programme der chinesischen Städte Shanghai und Guangzhou zu nennen.[95] Die Verantwortung, die an künstliche Intelligenz gemeinsam mit der Entscheidung ausgelagert wird, erhöht sich. Damit steigt auch der Bedarf an Sicherheitsmaßnahmen (Cyber Security), um die konsistente Funktionsfähigkeit dieser Systeme aufrecht zu erhalten und vor schädlichem Einfluss zu schützen. Das Zusammenspiel aller Smart City Komponenten zu überblicken und die Vielzahl dieser Systeme sicher zu gestalten ist zwingend erforderlich.[96] All diese Elemente sind von fortwährender Transparenz gegenüber den Bewohnern begleitet, um Partizipation zu erleichtern und Unsicherheiten zu vermeiden.[97]

---

[93] Vgl. Walser, K. / Haller, S. (2016), S. 31.
[94] Vgl. Vinod Kumar, T. M. / Dahiya, B. (2017), S. 16.
[95] Vgl. Deloitte Global / Deloitte China (Hrsg.) (2018), S. 25-27.
[96] Vgl. Tegmark, M. (2017), S. 93-94.
[97] Vgl. Dafoe, A. (2018), S. 31-33. bzw. Gutzmer, A. (2018), S. 40.

Smart Living. *„Smart Living refers to all issues related to the physical and mental well-being of the people living and working in the Smart City. These include quality of life, inclusive society, social cohesion, safety and security, healthy, liveable and affordable quality housing, educational facilities, public spaces (parks, streets, plazas, etc.) and civic culture."*[98]

Das Smart Living umfasst neben der gesellschaftlichen, auch die psychologische Komponente seiner Akteure, indem es sowohl das individuelle als auch das kollektive Leben der Stadtbewohner in den Fokus der Betrachtung rückt. Die Gestaltung des Smart Livings wird durch entsprechende Governance-Maßnahmen forciert und unterstützt, sodass sich die Lebensqualität der Stadtgemeinschaft erhöht und sie ihre Kreativität entfalten kann. Die Förderung von Kreativität soll den Zielen einer nachhaltigen Stadtentwicklung zuträglich sein und innovative Lösungen für dynamische urbane Herausforderungen hervorbringen und so auch das smarte Leben zukünftiger Generationen ermöglichen. Die Implementierung technologischer und innovativer Lösungen zur Erleichterung bzw. Beschleunigung einer solchen Entwicklung wird dabei befürwortet und aktiv

---

[98] Govada, S. S. / Spruijt, W. / Rodgers, T. (2017a), S. 200.

verfolgt.[99]

Für das Smart Living ist eine Stadtgemeinschaft mit starkem Zusammenhalt notwendig, die Einstellungen und Werte teilen sollte. Maßnahmen um eine solche Wertegemeinschaft innerhalb des urbanen Netzwerkes aufzubauen, umfassen die Organisation und Durchführung verschiedener Veranstaltungen und Rituale sowie die Bereitstellung und Wahrung attraktiver öffentlicher Interaktionsflächen (public spaces).[100] Zum Smart Living gehört auch die Dimension der sozialen Nachhaltigkeit des generationenübergreifenden Zusammenlebens. So sollte die Smart City ein ebenso attraktiver Lebensraum für ältere oder jüngere Generationen, Menschen aller Herkunft und Schichten sein. Besonders die Inklusion benachteiligter Bewohner ist Kern der Smart Living Philosophie.[101] Neben der sozialen Inklusion sollte der uneingeschränkte Zugang zu Bildungseinrichtungen ermöglicht werden und so das Ziel des lebenslangen Lernens aller Akteure begünstigen. Ein funktionierendes, ggf. durch künstliche Intelligenzen potenziertes und humanes Gesundheitssystem, zu dem für alle Bewohner verlässlicher Zugang besteht sowie gezielte Sicherheits- und Überwachungsmaßnahmen sollen die

---

[99] Vgl. Baccarne, B. / Mechant, P. / Schuurman, D. (2014), S.158.
[100] Vgl. Anttiroiko, A.-V.(2015), S. 25-26.
[101] Vgl. Firoz, C. M. / Vinod Kumar, T. M. (2017), S. 357 bzw. Vinod Kumar, T. M. / Dahiya, B. (2017), S.15-16.

physiologische Integrität aller Bewohner garantieren.[102]

Die Smart City hat mit dieser Dimension auch den Anspruch eine lebenswerte Stadt zu sein und ihren Einwohnern eine durch moderne Technologien begünstigte Flexibilität in der Lebensgestaltung zu bieten, aber auch gezielt Engagement zu evozieren und durch Interaktionsangebote zu fördern (Bürger Empowerment).[103] Die durchaus kontrovers zu betrachtende Sammlung individueller Daten soll der Smart City ermöglichen seine Akteure besser zu kennen bzw. zu verstehen und im Sinne des Smart Living das Angebot des urbanen Raums für den jeweiligen Bewohner optimieren und somit zur Realisierung seiner individuellen Lebensvision beitragen. Anstatt des gläsernen Konsumenten, der von großen Datenkonzernen durch ihre Informationshoheit beliebig manipuliert, gesteuert und entmündigt werden kann, soll die Aggregation von Daten dazu beitragen, die Interaktion zwischen der Stadt und ihren Bewohnern zu intensivieren.[104]

Smart Mobility. *„Smart Mobility concerns the sustainable movement of people. Cities are by nature hives of activity and this activity should be encouraged to be as sustainable as practical."*[105]

---

[102] Vgl. Dameri, R. P. / Ricciardi, F. (2017), S. 120.
[103] Vgl. Busso, M. / Gregory, J. / Kline, P. (2013), S. 897-898.
[104] Vgl. Gutzmer, A. (2018), S. 45-46.

Die Smart Mobility ermöglicht es den Bewohnern der Smart City den urbanen Raum umfassend, effizient, nachhaltig und flexibel zu erschließen und stellt hierbei die individuelle Mobilität der Akteure in den Vordergrund.[106] Im Rahmen der Entwicklung bestehender Agglomerationsräume hin zu Smart Cities, konnten im Bereich der Smart Mobility bisher die größten Veränderungen erzielt werden. So hat das disruptive Geschäftsmodell des Mobilitätsanbieters Uber bereits in vielen Großstädten die Art der Fortbewegung ihrer Bewohner stark beeinflusst, flexibilisiert und vergünstigt.[107] Die Sharing Angebote verschiedener Mobilitätsdienstleister tragen ebenfalls dazu bei, dass die Investitionsschwelle für den Eintritt in die individuelle und flexible Mobilität deutlich niedriger wird. Es besteht das Ziel innerhalb von Smart Cities durch den Einsatz von intelligenten Algorithmen die Kosten dieser Form der Mobilität weiter zu senken.[108]

Mobilität soll aber für die Bewohner einer Smart City nicht nur effizienter oder kostengünstiger sein, sondern auch nachhaltiger, sodass viele der Initiativen im Rahmen der Smart Mobility vor allem die Ausgestaltung von *Zero-*

---

[105] Govada, S. S. / Spruijt, W. / Rodgers, T. (2017), S. 195.
[106] Vgl. Flügge, B. (2016), S. 2-3.
[107] Vgl. Gutzmer, A. (2018), S. 38-39.
[108] Vgl. Pfriemer, H. (2016), S. 58-59. bzw. Flügge, B. / Pfriemer, H. (2016), S. 72-73.

Carbon-Mobility fokussieren und incentivieren. Zu diesen Initiativen zählen zum Beispiel der Ausbau der Fahrrad- und Fußwege in den sehr dichten Bereichen der Städte sowie die Verbannung des Automobils aus den Stadtkernen.[109] Die Vision autofreier und dennoch effizient erschließbarer Innenstädte hat eine direkte Verbindung zur Smart Living Philosophie. So könne sich der Mensch in den Innenstädten weite Teile seines Lebensraumes zurückholen und im Sinne des Smart Living nutzen – z. B. durch Renaturierung oder Begrünung (Urban Gardening und Urban Farming) – wenn in den Ballungsgebieten bisher als Parkflächen genutzter Raum freigegeben wird und Teile der breiten Straßen wieder als Fußwege genutzt werden könnten.[110] Von großer Bedeutung für die Projekte des Smart Mobility Ansatzes sind zum einen KI-Algorithmen, welche die aufkommende Komplexität in der Regulierung des in diesem Zuge zunehmenden öffentlichen Nahverkehrs bewältigen und steuern, zum anderen aber auch die fortwährende Vernetzung und Kommunikation nicht nur der Akteure, sondern auch der Gegenstände im urbanen Raum (z. B. Fahrzeuge, Verkehrsanlagen, Gebäude).[111]

In der zusammenfassenden Betrachtung dieser Dimensionen lässt sich erkennen, dass die dynamischen

---

[109] Vgl. Vinod Kumar, T. M. / Dahiya, B. (2017), S. 14.
[110] Vgl. Anhang A (2017), S. 99–100.
[111] Vgl. Chaudhuri, A. (2019), S. 106–107.

und stetig wachsenden Herausforderungen des Lebens im urbanen Raum und ihre Konfrontation mithilfe digitaler und ggf. künstlich intelligenter Technologien einen weitreichenden Einfluss auf das Verhalten innerhalb der entstehenden Netzwerke bedeuten. In vielerlei Hinsicht verändert sich die Umwelt der Konsumenten und die Form der Interaktionen mit allen beteiligten Akteuren. Inwieweit die Entwicklungen entlang dieser Dimensionen Einfluss auf konsumentenpsychologisch relevanten Parameter haben, soll nach genauerer Betrachtung der maßgeblichen Technologien und Konzepte zu beantworten versucht werden.

Technologien.

„If artificial intelligence is the new electricity, big data is the oil that powers the generators.[112] Mit diesen Worten unterstreicht Kai-Fu Lee, ehemaliger CEO von Google China, die enorme Relevanz großer Datenmengen für die Nutzbarkeit durch künstliche Intelligenzen unterstütze Technologien und intelligenter Algorithmen. Smart Cities sind durchzogen und beherrscht von einer Datenökonomie, die es ermöglichen soll die Vision einer nachhaltigeren und

---

[112] Lee, K.-F. (2018), S. 17.

effizienteren Urbanität durch die Anwendung moderner Technologie zu realisieren.[113] Die Akkumulation und Aggregation von Daten innerhalb urbaner Räume sind keine Innovationen von Smart City Initiativen. Sie finden bereits in großem Maße global statt und dienen in verschiedenen Anwendungsbereichen als Grundlage für wichtige politische Entscheidungen. So kann zum Beispiel der Energieverbrauch bestimmter Stadtteile mithilfe von Datenverarbeitungstechnologie ausgewertet und darauf basierend eine entsprechende Maßnahme, wie zum Beispiel der Ausbau des Versorgungsnetzes in bestimmten Regionen abgeleitet werden. Der Unterschied zur Big Data Ökonomie ist die Skalierung und die Dimension der Aggregation sowie Interpretation der Daten, deren Menge und Komplexität nur noch mithilfe künstlich intelligenter Algorithmen zu bewältigen ist.[114]

Die Aggregation von Big Data sowie die folgende Analyse und Interpretation stellt im urbanen Raum eine enorme Chance dar, auf die Smart City Ziele einer nachhaltigeren und innovativeren Gesellschaft, einer effizienteren Organisation des urbanen Lebens sowie folglich der Verbesserung der allgemeinen Lebensqualität einzuzahlen, indem sie die Entscheidungsqualität im städtischen Kontext

---

[113] Vgl. Hipp, J. A. u. a. (2017), S.473.
[114] Vgl. Kitchin, R. (2013), S. 3-4.

in vielen potenziellen Anwendungsgebieten verbessert und ein Werkzeug darstellt die steigende Komplexität bewältigen zu können.[115] Anwendungsgebiete, in denen die Verarbeitung und Interpretation von Big Data diesen Zielen zuträglich sein kann, sind z. B. die qualitative Verbesserung des Bildungs- und Gesundheitssystems, die Kontrolle und Eindämmung von CO_2-Emissionen, die Effizienz des Besteuerungssystems, die Verteilung von Arbeitskraft, die Verbesserung der Sicherheit und Eindämmung von Kriminalität sowie die effizientere Gestaltung der Mobilitätsinfrastruktur.[116]

Ein vorrangiges Ziel von Big Data kann es aber ebenfalls sein, durch die Aufnahme und Verarbeitung verschiedenster Arten von Daten innerhalb des urbanen Netzwerkes ein Verständnis für die Funktionsweise der Stadt zu generieren und dieses Verständnis für alle Akteure zugänglich zu machen. Die hieraus gewonnenen Erkenntnisse wiederum sollen die Interaktion innerhalb des Netzwerkes amplifizieren und alle Akteure so zu potenziellen Mitgestaltern der Smart-City erheben. Im Kontext des Konsums würde diese Form der Datenanalyse viele Mechanismen offenbaren und könnte dem Konsumenten so auch mehr Transparenz über Art und

---

[115] Vgl. Deloitte (Hrsg.) (2015), S. 4-6.
[116] Vgl. Pelton, J. N. / Singh, I. B. (2019), S. 97-98.

Umfang der Einflussnahme – z. B. in Form von Marketingkommunikationsmaßnahmen – durch institutionelle oder private Akteure gewähren.[117] Für Unternehmen, die Teil der Smart Economy sind, sind die Daten sowie die abgeleiteten Erkenntnisse dahingehend wertvoll, als dass sie die Vorhersehbarkeit und Entwicklungen bestimmter Märkte erleichtert und *Consumer Insights* generiert, die wiederum eine nutzenstiftende und gewinnbringende Adaption des Produktportfolios ermöglichen können.[118] Der Philosoph Byung-Chul Han spricht hier von der Eröffnung einer digitalen Optik der Unternehmen auf die Konsumenten, welche den toten Winkel durch eine umfassende Datenlage eliminiert und so in die verbliebene Intimität der Kunden eindringt.[119] Das Verständnis, welches Unternehmen dadurch über den Kunden gewinnen, wie sich dieses Verständnis in der Interaktion mit ihm darstellt sowie die Frage, welchen Einfluss diese Erkenntnisse und all ihre Folgen wiederum auf das Konsumentenverhalten im urbanen Kontext haben, sollen innerhalb des explorativen Teils dieser Arbeit adressiert werden.

Theoretisch ist dem Umfang der Datenerhebung keine Grenze gesetzt und sie kann jeden erdenklichen

---

[117] Vgl. Gutzmer, A. (2018), S. 48-49.
[118] Vgl. Bünte, C. (2018), S. 16-17.
[119] Vgl. Byung-Chul, H. (2015), S. 22-23.

Lebensbereich einschließen, wie z. B. die kontinuierliche Messung biometrischer bzw. physiologischer Daten. Welche Daten hier erhoben und anschließend analysiert werden sollen, muss von der jeweiligen Vision sowie den strategischen Zielen der Smart City abgeleitet werden und sollte in jedem Falle eine ethische Auseinandersetzung mit den Folgen einer Big Data Erhebung in den entsprechenden Lebensbereichen sowie die Partizipation der betroffenen Akteure einschließen. Die Vielzahl an Bedenken, die mit der Erhebung mitunter sehr intimer Daten einhergeht, sollte in der Gestaltung der Strukturen berücksichtigt werden und in ein Verhältnis zum potenziellen Ergebnis der Anwendung gesetzt werden. Da es sich um elementare moralische Fragen handelt, die nicht absolut und auch nicht richtig beantwortet werden können, ist die Aufklärung und auch Partizipation der Akteure von besonderer Relevanz.[120]

Für das letztendliche Ergebnis, welches diese Form der persönlichen Datenökonomie herbeiführt, ist es ebenfalls bedeutsam, welche Institution die Deutungshoheit über die aggregierten Daten erhält. Der Befürchtung, dass der Wandel von urbanen Agglomerationsräumen zu Smart Cities durch die großen Datenkonzerne wie Google, Amazon, Facebook und Apple bestimmt wird und die große Mengen an erhobenen Daten letztendlich zu gläsernen und

---

[120] Vgl. Jaekel, M. (2015), S.115-116.

steuerbaren Konsumenten zur Maximierung der Unternehmensprofite kapitalistisch und entgegen der eigentlichen utopischen Smart City Vision ausgehöhlt wird, muss eine entsprechende Governance-Struktur zur Regulierung eben solcher Tendenzen entgegengebracht werden.[121] Die offensichtliche Ambiguität von Big Data und ihrer KI gestützten Auswertung ist maßgeblich von der kontrollierenden Instanz sowie ihrer Ziele und Vision abhängig. Diese Ambiguität ist laut Bill Gates nur vergleichbar mit der nuklearen Fusion, die sowohl zur Destruktion vieler Menschenleben (Atombombe), aber auch zu deren Prosperieren (Kernenergie) genutzt werden kann. Bei beiden Innovationen handelt es sich um Technologien mit erheblichem Potenzial zur Disruption und somit erhöhtem Bedarf gestalterischer und regulierender Partizipation.[122]

Das Internet of Things bzw. Internet der Dinge beschreibt die fortwährende Vernetzung jeglicher Alltagsgegenstände über das Internet und ist somit nicht nur wesentlicher Treiber für die physikalisch-digitale Integration aller Akteure in Smart Cities, sondern stellt auch die Plattform dar, die es ermöglicht alle fragmentierten Systeme

---

[121] Vgl. Jaekel, M. (2015), S.114-115.

[122] Piper, K. (2019), https://www.vox.com/future-perfect/2019/3/20/18274350/bill-gates-stanford-ai-like-nuclear-weapons.

innerhalb einer miteinander in Kommunikation treten zu lassen.[123] Die hierdurch entstehende Dynamik des Netzwerkes hat zu einem Umdenken in der Wahrnehmung der Interaktion zwischen Menschen und Gegenständen geführt und so den Gedanken der Akteur-Netzwerk-Theorie um die Komponente intelligenter und in Interaktion tretender Objekte erweitert.[124] Die Bereiche von IOT-Anwendungen in Städten beinhalten z. B. die Optimierung der Stromversorgung durch kontinuierliches Feedback aus den Sensoren des *Smart Grid*, eine effizientere Steuerung der Verkehrsinfrastruktur durch vernetzte Fahrzeuge, die Überwachung und datenaktuelle Interpretation meteorologischer Daten, den Aufbau mikrokosmischer Vernetzungen verschiedener Haushaltsgeräte (Smart Homes), aber auch die Sicherstellung der Autonomie im Alter mithilfe intelligenter und unterstützender vernetzter Geräte.[125]

Das IOT stellt eine Erweiterung des als globale und humane Kommunikationsplattform etablierten Internets dar, indem es nicht nur die gegenseitige Interaktion und Kommunikation von *jedem*, sondern von *allem* einschließt. 41 Milliarden Akteure kommunizieren bereits 2020 über

---

[123] Vgl. Zedadra, O. u. a. (2019), S. 177-178.
[124] Vgl. Gutzmer, A. (2018), S. 90-91.
[125] Vgl. Suzuki, L. R. (2017), S. 183. bzw. Andrushevich, A. u. a. (2016), S. 156-159. bzw. Bhatnagar, J. R. (2020), S. 36.

dieses Netzwerk mit- und untereinander und tauschen Daten aus. Für jeden menschlichen Akteur kommunizieren ca. sieben vernetzte Geräte innerhalb dieser Plattform miteinander und die Sphäre der Interaktion von Mensch und seiner Umgebung, aber auch der Umgebungskomponenten untereinander, wird drastisch intensiviert.[126] Die Entwicklung dieser internetbasierten Interkonnektivität von Objekten in Relation zu ihren Nutzern soll in Abbildung 7 verdeutlicht werden.

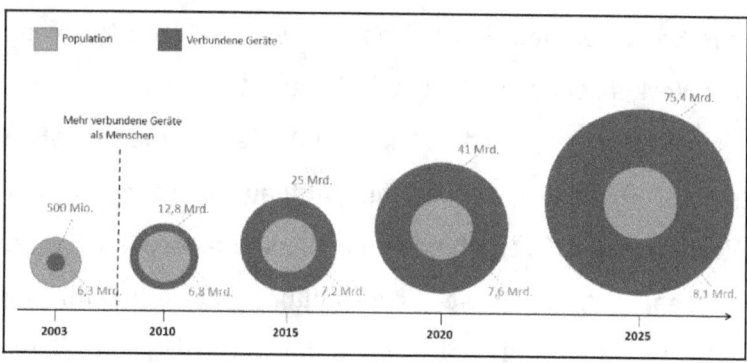

Abb. 7: Entwicklung des Internets der Dinge

Quelle: Eigene Darstellung in Anlehnung an Suzuki, L. R. (2017), S. 183 bzw. Vereinte Nationen (Hrsg.) (2019), S. 5-6. bzw. Columbus, L. (2016),

Es scheint offensichtlich, dass diese Form der Dynamik innerhalb menschlicher und auch objektspezifischer Kommunikation einen großen potenziellen Einfluss darauf hat, wie wir Gegenstände wahrnehmen und bewerten.[127]

---

[126] Vgl. Suzuki, L. R. (2017), S.173-174. bzw. Chander, B. / Kumaravelan, G. (2020), S. 4-5.

[127] Vgl. Hoffman, D. L. / Novak, T. P. (2017), S. 1182-1183.

Yuval Noah Harari, israelischer Historiker und Professor an der Hebrew University of Jerusalem führt im Hinblick auf die Brisanz dieser Entwicklung und Etablierung eines neuen Kommunikationsverhältnisses zwischen Mensch und Objekt folgendes Szenario aus:

„Your feelings represent the accumulated wisdom of millions of years of evolution. They have passed the most rigorous quality control tests of natural selection. Your feelings are there, because millions of ancestors survived and reproduced relying on these feelings. So It made good sense, humanism was correct in telling you: "Listen to yourself!"; "Listen to your heart"; "Don't listen to the priests!"; "Don't listen to the pope!". But this was because nobody in the world understood what is happening within you, within your body. And nobody had the computing power necessary to decipher the inner workings of the human body and brain and these algorithms, the feelings. So even if [...] the Soviet KGB followed you around every day, recorded every phone call you made and every conversation, they did not have the understanding of biology and they did not have the necessary computing power to really understand you and why you feel the way you feel. But this is now changing. These two conditions are now met. We are gaining the biological understanding of what's happening within the body, within the brain, which produces all these feelings and

desires and wishes and we are also gaining the computing power necessary to accumulate these massive amounts of data on me and on you and to analyze them and to understand me much better than I understand myself. We are very close to the point when Google and Facebook and Amazon will understand how I feel better then I understand how I feel.

[...] Up until now in history humans read books. That was the deal. Now we are [...] in the process of a new stage where books read humans. When I read a book on Amazon's Kindle, I read the book of course but at the same time Kindle is reading me. Kindle knows how fast I read or how slow I read each page, it knows when I stopped reading, when I start reading again. It knows when I stopped on a particular page and never returned to the book. And this gives Amazon certain data about who I am, about what my preferences are. But this is still very primitive. The next stage is when you connect the kindle with face recognition programs, which are already in existence. And then the Kindle device can start knowing what is the emotional impact of every sentence you read on you by analyzing your facial expression. But this is still primitive, because it is still just external signals. The next stage which is just around the corner is to connect the kindle to biometric sensors inside of your body. And when we reach that stage Kindle which

means Amazon will know exactly what is the emotional impact of every sentence you read. What made you angry, what made you bored, what made you happy. And whereas I and most people forget most of what we read within a few days or weeks Amazon will not forget anything. By the time you finished the book you may know something new or not, I don't know. But Amazon will know exactly who you are, what is your personality type and how to press your emotional buttons. And when we will reach this stage, then institutions like democratic elections and free markets will be as obsolete as flint knives and rain dances.[128]

Er stellt damit in Aussicht, dass die Interkonnektivität und die neue Form der Kommunikation zwischen Mensch und intelligenten Geräten ein enormes disruptives Potenzial entfalten, welches sich nicht nur auf Verwerfungen individueller psychologischer Faktoren bezieht sondern umfassende gesellschaftliche Implikationen evoziert. Daneben stellt er ebenfalls fest, dass in einer Sphäre, in der Objekte untereinander oder Objekte mit künstlich intelligenten Algorithmen kommunizieren und ebenfalls in wirtschaftliche Interaktion miteinander treten, der menschliche Verbraucher in dieser digitalen Ökonomie obsolet werden könnte:

---

[128] Harari, Y. N. (2016), https://www.youtube.com/watch?v=JJ1yS9JIJKs, ab Min. 0:48:00.

„*At present we do not have any economic model to deal with such a situation [AI endangering Jobs and consumerism]. Some people say the state should tax the big earners and [...] give a basic salary [Universal basic income (UBI)] to everybody without them having to work. [...] One other possibility would be that the algorithms would buy from one another. One algorithm will buy the product of another. We do not really need to have people in between in order to have commerce. It is already beginning to happen. If you think of for example advertisement. Who is the number one consumer or client of the advertisement industry today at least on the internet? It is no human being. It is the Google algorithm. If you want to advertise your business and to succeed, you need to think about the Google algorithm. The consumer you need to think about is the Google algorithm. How to make my business attractive not to you or to me but to the Google algorithm. And the minute an algorithm becomes the main target of advertisement [...] it may also happen in more and more industries*"[129]

Das Potenzial der Veränderung, welches das IOT mit sich bringt erstreckt sich also nicht nur auf den individuellen Konsum und die Interaktion zwischen Mensch und Objekt, sondern auch auf die Kommunikation zwischen Objekten

---

[129] Harari, Y. N. (2016), https://www.youtube.com/watch?v=JJ1yS9JIJKs, ab Min. 1:19:00.

untereinander und kann sogar komplett neue Märkte und digitale Topologien konstruieren. Voraussetzung für die Anwendung der auf dieser Plattform basierenden Technologien, ist die Bereitstellung sowohl der zu verbindenden Geräte, als auch eine Vielzahl an durch die tatsächliche Anwendung generierter Daten. Der perfekte Raum, um diese Voraussetzungen zu erfüllen, ist die physikalisch-digital integrierte urbane Sphäre, die so zur Smart City werden kann.[130]

Die Fähigkeit verschiedenster Geräte und Produkte mit ihren Nutzern in Interaktion zu treten, kann zu einer neuen Form der Objektwahrnehmung führen und erfordert eine neue Konzeptualisierung von Konsumerfahrungen im Internet of Things, die maßgeblich von einem objektzentrierten Anthropomorphismus geprägt ist. Die Zuschreibung menschlicher Eigenschaften führt zu einer Erhebung des Produkterlebnisses zu einem anthropomorphem, einem als menschlich wahrgenommen Interaktionserlebnis.[131] Im Zusammenhang mit dieser Promotion des Objektes zu einem Subjekt steht auch die Erweiterung des Netzwerkes im urbanen Raum, wie es durch die Akteur-Netzwerk-Theorie beschrieben wird. Die Hierarchien und Relationen innerhalb des urbanen

---

[130] Vgl. Ejaz, W. / Anpalagan, A. (2019), S. 1-2.
[131] Vgl. Hoffman, D. L. / Novak, T. P. (2017), S. 1196.

Netzwerkes werden durch das IOT um die Komponente der Objekte erweitert, wodurch sowohl die Komplexität aller innerhalb des Netzwerk bestehenden Beziehungen und interdependenten Strukturen erhöht wird, als auch der Vernetzungsgrad der Akteure insgesamt und somit das Potenzial zum effizienteren Austausch von Informationen.[132]

Viele der Effizienzen, die innerhalb der digitalen Ökonomie potenziell realisiert werden können, basieren auf einer anderen Form der Nutzung von Produkten und Dienstleistungen, *der Sharing Economy*. Der Sharing Economy, die in der Literatur auch unter dem Begriff der *Collaborative Consumption* zu finden ist, liegt das Motto „Teilen anstatt Besitzen" zugrunde.[133] Die Menge an Daten, die innerhalb digitaler Ökonomien oder digitalisierter Teilbereiche der Wirtschaft vorliegt, ermöglicht es bisher präsente Ineffizienzen in der Nutzung von Produkten zu identifizieren und sie mithilfe von Algorithmen intelligent zu steuern und so auch die Komplexität solcher Geschäftsmodelle zu beherrschen.[134] Die Sharing Economy bietet so eine potenzielle Antwort auf viele Herausforderungen des urbanen Zusammenlebens, wie der

---

[132] Vgl. Gutzmer, A. (2016), S. 14.

[133] Vgl. Sikorska, O. / Grizelj, F. (2016), S. 319-320. bzw. Vgl. Cruz, I. / Ganga, R. / Wahlen, S. (2018), S. 7-8.

[134] Vgl. Georgi, D. u. a. (2018), S. 1-2.

allgemeinen Ressourcenknappheit oder der ineffizienten Infrastruktur- und Raumnutzung innerhalb der städtischen Netzwerke. Dabei greift das Konzept auf die Nutzung eines urmenschlichen Verhaltensgrundsatzes zurück, dem Teilen von Gütern, welches auch heute mit Ausnahme von den westlichen Wirtschaftsräumen noch weitgehende kulturelle Präsenz erlebt.[135]

Anhand des Beispiels der Nutzung von Automobilen lässt sich dies verdeutlichen. Die Nutzung privater PKW in Metropolen ist ineffizient, umweltbelastend und die Verkehrsinfrastruktur ist der Vielzahl von Akteuren meist nicht gewachsen. Durch konsequentes Teilen von Fahrzeugen und somit der Wandlung des individuellen Fahrzeugs als Produkt hin zur Mobilität als weitestgehend autonom angebotene Dienstleistung, kann der Bedarf an Fahrzeugen in Metropolen deutlich verringert werden. Die Fahrzeuge haben somit eine deutlich geringere Zeit, in der sie nicht genutzt werden. Zur Steuerung der höher frequentierten Nutzung können Algorithmen konsultiert werden und die Weiterentwicklung dieses Konzepts hin zu geteilten autonom fahrenden Automobilen vorbereiten. Die durch den geringeren Bedarf an Fahrzeugen entstehende Raumgewinnung, kann im Sinne der Smart City Philosophie gestaltet werden, zum Beispiel in dem freigewordene

---

[135] Vgl. Belk, R. (2010), S. 715.

Parkflächen renaturiert und für Urban Farming oder Urban Gardening Projekte genutzt werden.[136] Der Stadt kann somit ein Teil der durch den Individualverkehr genommen Lebensqualität zurückgegeben werden, bei gleichzeitiger Wahrung der individuellen Mobilität und der Förderung eines nachhaltigeren Lebensstils.[137]

Die Etablierung des Sharing-Gedankens in die sozialen Strukturen ermöglicht es aber nicht nur einen nachhaltigeren Lebensstil umzusetzen, sondern eröffnet ebenfalls neue Geschäftsmodelle, die bereits von Unternehmen wie Airbnb oder Uber identifiziert und erschlossen wurden. So ist Airbnb der größte Anbieter für Wohnraum weltweit, ohne eine einzige zu vermietende Wohnung selbst zu besitzen und Uber der größte Anbieter von Mobilität, ohne dabei ein einziges Verkehrsmittel im Portfolio des Anlagevermögens zu führen. Das Produkt dieser Geschäftsmodelle ist nicht physikalisch, sondern besteht in der Steuerung und Kontrolle der Plattform sowie der Koordination generierter Daten, die es ermöglicht mithilfe digitaler Werkzeuge Nachfrage und Angebot effizient zusammenzuführen.[138]

Dieses ökonomische Disruptionspotenzial kann auch aus

---

[136] Vgl. Anhang A (2017), S. 99-100.

[137] Vgl. Gazzola, P. (2018), S. 89-90.

[138] Vgl. Li, J. / Moreno, A. / Zhang, D. J. (2019), S. 485-486. bzw. Vgl. Codagnone, C. u. a. (2018), S. 53-55.

konsumentenpsychologischer Perspektive nicht ohne Folgen bleiben. So stellt sich z. B. die Frage inwiefern geteilte Produkte, bei welchen der Service und nicht mehr das Produkt selbst im Vordergrund steht dem Kunden noch Identifikationspotenzial bieten und ob dieses einem positiven Produkterlebnis noch zuträglich ist. Kann ein Produkt, dass nur für eine begrenzte Zeit genutzt wird noch als Statussymbol fungieren und ist es möglich ein solches Produkt in das *erweiterte Selbst* zu integrieren.[139] Diese Fragen bleiben bisher weitestgehend unbeantwortet. Die qualitative Studie soll potenzielle Verwerfungen in der konsumentenpsychologischen Struktur dieser Entwicklungen identifizieren und so Ansatzpunkte für weitere Forschungen zur Beantwortung der oben genannten Fragen liefern.

---

[139] Vgl. Belk, R. (2013), S. 490.

3. KI IN SMART CITIES

Die Studie.

Bei der durchgeführten Befragung handelt es sich um eine explorative sowie qualitative Erhebung, die sich über vier Fallstudien erstreckt. Ziel der qualitativen Forschungsmethode ist die Generierung von Hypothesen innerhalb eines bestimmten Forschungsgebietes mithilfe offener Forschungsfragen und unstrukturierten bzw. teilstrukturierten Datenerhebungsverfahren.[140] Dabei verfolgt sie eine naturalistische Vorgehensweise und versucht Sachverhalte fallorientiert induktiv zu erschließen.[141] Die Wahl der qualitativen Methode zur

---

[140] Vgl. Döring, N. / Bortz, J. (2016), S. 184.
[141] Vgl. Hussy, W. / Schreier, M. / Echterhoff, G. (2013), S. 190-192.

Beantwortung der Forschungsfrage ist dahingehend begründet, als dass der Forschungsgegenstand – also konsumentenpsychologische Implikationen des Lebens in digitalisierten urbanen Räumen – im Rahmen dieser Arbeit beschrieben und verstanden, aber noch keine quantifizierbaren Hypothesen geprüft werden soll.[142] Vielmehr ist es Ziel, potenzielle Zusammenhänge, Korrelationen und Kausalitäten aus der Systemkomplexität zu extrapolieren und hypothesengenerierend zu arbeiten, wofür die vorliegenden qualitativen Daten einer interpretativen Analyse unterzogen werden müssen.[143] Eben aus diesem Grund handelt es sich bei der vorliegenden Untersuchung zusätzlich um eine explorative Arbeit, die hier als Interviewstudie durchgeführt wird und versucht, erkannte Zusammenhänge theoretisch zu generalisieren, nicht aber statistisch zu testen.[144] Neben der qualitativen Befragung in den jeweiligen Fallstudiengebieten stellt auch eine Analyse der von den Metropolen bzw. deren Regierungen und Verwaltungen herausgegebenen Dokumentationen zu aktuellen Smart-City-Projekten oder Anwendungen digitaler Technologien ein Bestandteil der Explorationsarbeit dar, welche in die spätere Diskussion einfließen soll. Bei den durchgeführten

---

[142] Vgl. Breuer, F. (2010), S. 38.
[143] Vgl. Mayring, P. (2010), S. 602-603.
[144] Vgl. Gudehus, C. / Keller, D. / Welzer, H. (2010), S. 764.

Interviews handelt es sich zwar nicht um Expertenbefragungen, jedoch wurden Teilnehmer befragt, die Interesse und Erfahrung im Bereich der Digitalisierung und Entwicklung anwendungsorientierte KI-Technologien im urbanen Raum haben.

Insgesamt wurden im Rahmen der Interviewstudie aus jedem Fallstudiengebiet – die Städte Berlin, Shanghai, New York City und Shenzhen – Versuchspersonen zu den aktuellen Entwicklungen des digitalisierten urbanen Verhaltens sowie speziell des Konsumverhaltens und ihren diesbezüglichen Einstellungen sowie Einschätzungen befragt. Auf Basis der erhobenen Daten sollen Tendenzen, Entwicklungen und Zusammenhänge konzeptionell herausgearbeitet werden, die sich gegebenenfalls im Rahmen späterer Forschung weiter untersuchen und theoretisch verallgemeinern oder aber auch durch zusätzliche quantitative Forschung statistisch überprüfen lassen.[145] Die Perspektive auf die potenziell zu identifizierenden kausalen Zusammenhänge ist bewusst und im Sinne der Maßgaben an explorative und qualitative Forschungsmethoden offen und soll so die Extrapolation möglichst vieler Einflüsse des Lebens in einer Smart City auf das Konsumentenverhalten ermöglichen.[146] Zu den

---

[145] Vgl. Reichertz, J. (2016), S. 84 bzw. Vgl. Schumann, S. (2018), S. 148-149.
[146] Vgl. Kleining, G. (2010), S. 66-68.

potenziell zu ergründenden Fragen gehören beispielsweise, wie sich die Nutzung digitaler Technologien auf das allgemeine Kaufentscheidungsverhalten auswirken könnte, wie künstlich intelligente Algorithmen das Produkterlebnis bzw. den Kaufentscheidungsprozess beeinflussen oder wie neue Formen digitaler Interaktionen und Konzepte konsumrelevante Verhaltensweisen verändern und bereits untersuchte konsumentenpsychologisch relevante Mechanismen disruptieren können. Die Forschungsarbeit teilt sich in vier Fallstudienanalysen auf. Die Fallstudie grenzt das jeweilige lokale Forschungsgebiet ab und ermöglicht es zudem kreuzreferentielle Vergleiche in der Ergebnisanalyse durchzuführen.[147] Innerhalb jeder der Smart City Fallstudien wurde ein teilstrukturiertes, ca. 45 minütiges Interviews geführt.

Zur Akquise potenzieller Interviewteilnehmer wurden insgesamt neun Personen angefragt bzw. eingeladen. Die initiale Kontaktaufnahme erfolgte dabei weitestgehend per E-Mail, in zwei Fällen per Telefon und in einem Fall persönlich.[148] Von den neun angefragten Personen wurden insgesamt vier Teilnehmer zum Interview eingeladen,

---

[147] Vgl. Funcke, D. / Loer, D. (2019), S. 8-10 bzw. Vgl. Wernet (2019), S. 58-59.
[148] Vgl. Renner, K.-H. / Jacob, N.-C. (2020), S. 65-66.

wovon zunächst drei Interviews tatsächlich stattfanden. Bei dem übrigen terminierten Interviewteilnehmer musste der Gesprächstermin aus persönlichen Gründen entfallen. Somit wurde ein Interview nach der ersten Welle der Erhebung nachgeholt, um auf eine letztendliche Fallzahl von vier durchgeführten Interviews zu kommen.

Die vor der Durchführung der Untersuchung bestehenden Anforderungen an die einzelnen Versuchspersonen bestanden in der generellen Bereitschaft an einer qualitativen Erhebung zu beschriebenem Thema teilzunehmen, erhöhtes Interesse für die Nutzung digitaler Dienste im urbanen Kontext zu haben, dauerhafter Bewohner der jeweiligen Fallstudienstadt zu sein und entweder Deutsch oder Englisch den Anforderungen einer komplikationslosen Interviewdurchführung entsprechenden Qualität sprechen und verstehen zu können, sodass kein inhaltlicher Verlust durch Schwierigkeiten in der sprachlichen Verständigung entstehen würde.[149] Entsprechend dieser vorab definierten Kriterien, handelt es sich methodologisch um eine bewusste bzw. absichtsvolle Auswahl der Stichprobe.[150] Insgesamt bestand der Anspruch an den gesamten Teilnehmerkreis ein ausgeglichenes Verhältnis von

---

[149] Vgl. Renner, K.-H. / Jacob, N.-C. (2020), S. 73-74.
[150] Vgl. Hussy, W. / Schreier, M. / Echterhoff, G. (2013), S. 193-194.

männlichen und weiblichen Versuchspersonen und eine möglichst hohe Diversität hinsichtlich des Alters zu erreichen.[151]

Das vorab definierte Ziel, aus jedem der Fallstudiengebiete einen Interviewteilnehmer zu akquirieren wurde erfüllt. Der Anspruch, aus zwei Fallstudiengebieten weibliche und aus zwei Fallstudiengebieten männliche Versuchspersonen zu interviewen, konnte eingehalten werden. Somit wurden insgesamt zwei männliche (50%, Berlin und Shenzhen) und zwei weibliche (50%, Shanghai und New York City) Versuchspersonen befragt. Die jüngste Teilnehmerin (Fallstudiengebiet Shanghai) der Studie war 22, der älteste Proband (Fallstudiengebiet Berlin) 46 Jahre alt. Die Übrigen Studienteilnehmer lagen mit Ihrem Alter zwischen diesen Werten. Eine Übersicht der Anforderungen an die Stichprobe sowie die Zusammensetzung der Stichprobe im Allgemeinen kann der Abbildung 8 entnommen werden.

---

[151] Vgl. Schreier, M. (2010), S. 239-242.

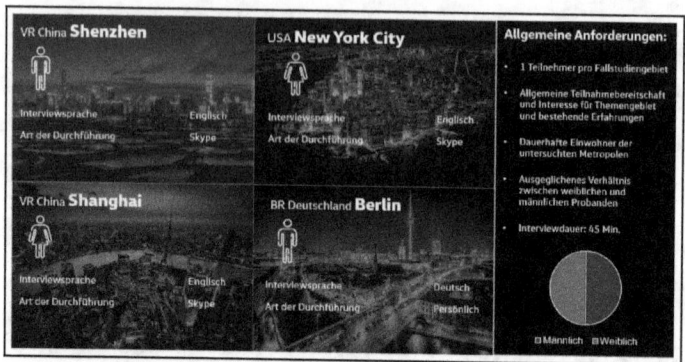

Abb. 8: Zusammensetzung und Charakteristika der Stichprobe
Quelle: Eigene Darstellung.

Die Gewinnung bzw. Auswahl und Anfrage der Teilnehmer erfolgte auf Basis bestehender universitärer Kontakte in den jeweiligen Fallstudiengebieten. Das Interview zur Fallstudie Berlin wurde in deutscher Sprache durchgeführt, die übrigen Befragungen fanden auf Englisch statt. Drei der vier Interviews wurden als Online-Befragung über Skype durchgeführt, das Gespräch mit dem Teilnehmer aus Berlin konnte persönlich durchgeführt werden.

Die Teilnehmer der Studie wurden im Rahmen von Einzelinterviews unabhängig voneinander und an unterschiedlichen Tagen befragt. Insgesamt erstreckte sich der Erhebungs- und Befragungszeitraum über drei Wochen. Um ein möglichst hohes Maß an Flexibilität in der Generierung von Antworten zu gewährleisten, gleichzeitig aber Vergleichbarkeit zwischen den einzelnen Interviews herzustellen, wurde die Methode des teilstrukturierten bzw. halbstrukturierten Interviews, genauer die des Leitfaden-Interviews, zur Durchführung der explorativen Studie gewählt.[152] Grundlage für dieses methodologische Modell ist die Erstellung eines Interview-Leitfadens, der auf Basis des Theorieteils, geleitet von der Forschungsfrage erstellt wurde und im Anhang D in deutscher sowie im Anhang E in englischer Sprache zur Einsicht vorliegt. Der Leitfaden besteht insgesamt aus 36 Hauptfragen, denen jeweils einige von der Antwort des Interviewpartners abhängige Differenzierungs- bzw. Vertiefungsfragen unterstellt sind. Ziel der Stellung von Vertiefungsfragen ist die präzisere Erörterung geäußerter Positionen oder Einstellungen zu einem Sachverhalt.[153] Die Hauptfragen sind in die vier übergeordneten Kategorien *A) Leben in der Smart City, B) Konsumverhalten, C) Technologien und Konzepte* sowie *D) Sicherheit und Datenschutz* gegliedert. Durch die Kategorisierung soll die Strukturierung der Ergebnisanalyse sowie die inhaltlich aggregierte Generierung von Hypothesen erleichtert werden.[154] Der Erstellung des Interview-Leitfadens liegt die SPSS-Methode (sammeln, prüfen, sortieren, subsumieren) nach

---

[152] Vgl. Döring, N. / Bortz, J. (2016), S. 372–374.

[153] Vgl. Steffen, A. / Doppler, S. (2019), S. 30–32.

[154] Vgl. Döring, N. / Bortz, J. (2016), S. 372–374.

Helfferich zugrunde.[155] Nach der ungefilterten und kategorisch unabhängigen Generierung potenzieller Fragen durch ein Brainstorming (Sammeln), erfolgte die Prüfung und Eliminierung sowie im Anschluss die Kategorisierung und Aufteilung in Haupt- und Differenzierungsfragen der gesammelten Items. So konnte aus der originären losen Sammlung von 109 Fragen der vorangegangen beschriebene Leitfaden deriviert werden.[156]

Es ist anzumerken, dass nicht in jedem der durchgeführten Interviews alle 36 Hauptfragen inklusive der Differenzierungsfragen gestellt wurden, sondern nach Maßgabe der subjektiven und situativen Einschätzung des Interviewers sowie des allgemeinen Gesprächsverlaufs eine Selektion der im Leitfaden aufgeführten Fragen stattfand. Gleiches gilt ebenfalls für Anpassungen von Formulierungen der Fragen während der Gespräche, die aus der situativen Atmosphäre der Interviews resultieren. Auch wurden an einigen Stellen situativ generierte Ad-hoc-Fragen gestellt, die nicht im Leitfaden beinhaltet sind, jedoch inspiriert von vorangegangen Äußerungen der Probanden sinnvoll erschienen.[157]

Die Funktionalität und Verständlichkeit des Interview-Leitfadens sowie die geplante Konzeption der

---

[155] Vgl. Helfferich, C. (2011), S. 182–185.
[156] Vgl. Döring, N. / Bortz, J. (2016), S. 402–404.
[157] Vgl. Hussy, W. / Schreier, M. / Echterhoff, G. (2013), S. 225–226.

Durchführung der Gespräche wurde im Rahmen eines Testinterviews erprobt. Aus dem ca. 60 minütigen Testinterview ergaben sich einige Änderungen in der Formulierung verschiedener Fragen aller Kategorien sowie die Eliminierung einiger Fragen. Drei zusätzliche Items wurden in der Folge dem Leitfaden hinzugefügt. Der im Anhang D bzw. Anhang E ersichtliche Leitfaden stellt die adaptierte Version nach Durchführung des Testinterviews dar und wurde in dieser Form für die tatsächliche Erhebung verwendet.[158]

Vor der Durchführung der Interviews wurden ca. fünf bis zehn Minuten für ein gegenseitiges Kennenlernen in Form eines Eröffnungsgespräches vorgehalten. Es ging hierbei nicht um die Gewinnung relevanter Informationen im Hinblick auf die Forschungsfrage, sondern darum eine möglichst angenehme und in der Folge auch produktive Gesprächsatmosphäre zu erzeugen.[159] Nach dem einleitenden Gespräch folgte eine kurze Präsentation (ca. zehn Minuten) durch den Interviewer, welche die Teilnehmer thematisch auf den Inhalt des Interviews sowie den Umfang der Fragen vorbereiten sollte. Obwohl ein Teil der im Rahmen dieser vorbereitenden Präsentation vorgestellten Informationen bereits im

---

[158] Vgl. Gläser, J. / Laudel, G. (2009), S. 150-151.
[159] Vgl. Lunsford Mears, C. (2009), S. 99-101.

Einladungsschreiben formuliert waren, wurden hier die Zielsetzung des Interviews, der geplante Ablauf und die Dauer des Gesprächs erläutert sowie das Einverständnis zur Aufzeichnung zu bestätigen ersucht. Auf Basis der Erfahrung aus dem Probeinterview wurde hier eine gesamte Dauer von voraussichtlich 60 Minuten kommuniziert. Zusätzlich wurde nochmals expliziert, dass eine Anonymisierung der erhobenen Daten stattfindet, sodass im Nachhinein keine Rückschlüsse auf persönliche Informationen der Teilnehmer mehr möglich sind. Auch wurde den Probanden versichert, dass nach der Transkription die Tonaufzeichnungen gelöscht werden. Am Ende der Präsentation wurde den Versuchspersonen die Möglichkeit gegeben, inhaltliche und organisatorische Fragen zu stellen, bevor die eigentliche Erhebung beginnt.[160] Die Präsentationsfolien wurden analog zur Interviewsprache sowohl auf Deutsch als auch auf Englisch erstellt und sind im Anhang B respektive Anhang C ersichtlich.[161] Methodologisch erfolgte die Einführung dem in Abbildung 9 visualisierten, die vorangegangen Ausführungen zusammenfassenden Schema.

---

[160] Vgl. Renner, K.-H. / Jacob, N.-C. (2020), S. 58-60.
[161] Vgl. Anhang B (2020), S. 101 bzw. Vgl. Anhang C, S. 108.

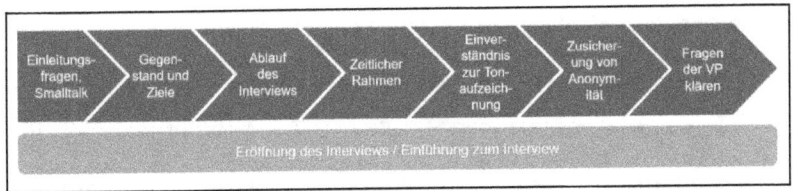

Abb. 9: Zusammenfassung zur Eröffnung des Interviews

Quelle: Eigene Darstellung in Anlehnung an Renner, K.-H. / Jacob, N.-C. (2020), S. 58-60.

Die Wahl der halbstrukturierten Interviewstrategie liegt darin begründet, dass ein Balance zwischen inter- und intrapersoneller Objektivität nach Maßgabe der Testgütekriterien auf der einen Seite sowie möglichst hoher Flexibilität und Offenheit im Sinne der Hypothesengenerierung auf der anderen Seite geschaffen werden sollte.[162] Unabhängig davon wurde für jede, der durch den Leitfaden vorgegebenen Kategorien, das Ziel verfolgt mit möglichst offen gestellten Einleitungsfragen den Gesprächsfluss zu initiieren. Komplexere und spezifischere Fragen folgten nach den Einleitungsfragen zu jeder Kategorie. Um Reflexionspotenzial seitens der Teilnehmer zu ermöglichen und die jeweilige Einschätzung zu vertiefen und zu festigen wurden Vertiefungsfragen gestellt.

Vorab definierte allgemeine Anforderungen an die Gesprächsführung durch den Interviewer bestanden zum

---

[162] Vgl. Renner, K.-H. / Jacob, N.-C. (2020), S. 86.

einen darin, einen möglichst hohen Anteil der limitierten Gesprächszeit zur Verfügung zu stellen („*Listen More, Talk Less*"), zum anderen darin die Fragen möglichst offen und damit auch so wenig leitend und manipulierend wie möglich zu stellen („*Avoid Leading Questions*"). Ausgeführte Gedanken und Einschätzungen der Probanden, die im Hinsicht auf die Beantwortung der Forschungsfrage vielversprechend erschienen, wurden durch entsprechende Stimulationsfragen vertieft, sodass die daraus potenziell hervorgehenden Szenarien möglichst viele Aspekte und Dimensionen beinhalten. („*Explore, Don´t Probe*").[163] Am Ende der Befragung zu einer der Kategorien, sollte eine kurze Zusammenfassung des Besprochenen durch den Interviewer vollzogen werden, die sowohl als thematische Überleitung als auch gedanklicher Abschluss der Kategorie dienen sollte. Sofern es möglich war, wurden am Ende einer jeweiligen Kategorie bereits Fragen gestellt, die eine inhaltliche Überschneidung mit der Folgekategorie haben (Überleitungsfragen).[164] Zusammengefasst wurde für den Hauptteil des Interviews der in Abbildung 10 dargestellte konzeptionelle Leitfaden verfolgt.

---

[163] Vgl. Seidman, I. (2006), S. 78- 86.
[164] Vgl. Renner, K.-H. / Jacob, N.-C. (2020), S. 72-73.

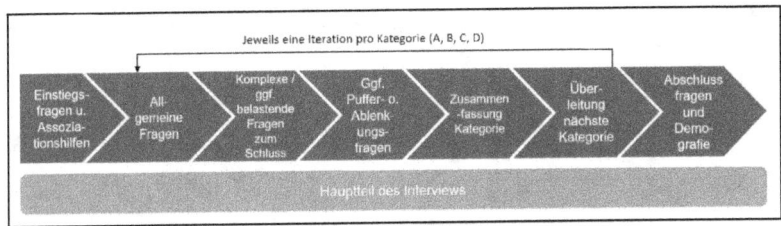

Abb. 10: Zusammenfassung zum Hauptteil des Interviews

Quelle: Eigene Darstellung in Anlehnung an Renner, K.-H. / Jacob, N.-C. (2020), S. 60-62.

Voraussetzung für die Durchführung einer qualitativen Inhaltsanalyse ist das Vorliegen der erhobenen Daten in schriftlicher Form. Dafür wurden die Tonaufzeichnungen der Interviews einer Transkription unterzogen. Um eine möglichst vollständige und transparente Datenbasis für die spätere Analyse zu erhalten, erfolgte eine Volltranskription der Audioaufzeichnungen. Eine Selektion hinsichtlich der Forschungsfrage relevanter Gesprächsinhalte innerhalb des Transkriptionsvorgangs wurde nicht vorgenommen, um die analytische Objektivität zu wahren und während der Transkription keine a priori Interpretation der Daten vorzunehmen.[165] Aus arbeitsökonomischer Perspektive und um die Lesbarkeit sowie Verständlichkeit der Transkripte zu erhöhen, wurde darauf verzichtet paraverbale Expressionen wie Husten, Lachen, Räuspern oder Ähnliches in die Transkripte aufzunehmen. Gleiches gilt für

---

[165] Vgl. Dresing, T. / Pehl, T. (2010), S. 724.

prosodische Phänomene wie z. B. Akzente, Tonhöhe oder Lautstärke der getätigten Äußerungen.[166] Um die Gewinnung von Erkenntnissen durch die inhaltiche Auseinandersetzung in Form des Transkriptionsprozesses zu maximieren, wurden die Transkriptionen selbst durchgeführt und nicht extern oder durch unterstützende Software übernommen.[167] Zur Vollständigkeit des Transkriptionssystems wurden weitere Regeln und Kriterien vorab festgelegt. Die Redebeiträge pro Interview wurden sequenziell transkribiert, die Fragen und Äußerungen des Interviewers somit ebenfalls in der Verschriftlichung festgehalten. Die formelle Differenzierung der Redebeiträge erfolgt über die Schriftart in den Transkripten. Es erfolgte darüber hinaus eine Überführung des Besprochenen in die schriftdeutsche Form, sodass der Lesefluss nicht gestört würde. In diesem Zuge wurden ebenfalls Unterbrechungen, Wiederholungen, Rezeptionssignale und Füllwörter eliminiert bzw. angeglichen. Der jeweilige Transkriptionskopf enthält Informationen über Ort, Datum und Fallstudiengebiet des Interviews sowie die Kennzeichnung der Versuchsperson (VPN1 – VPN4). Auf eine Einbindung der durch den Interviewer während der Gespräche aufgezeichneten

---

[166] Vgl. Dittmar, N. (2009), S. 99–100 bzw. Vgl. Dresing, T. / Pehl, T. (2010), S. 728.
[167] Vgl. Dresing, T. / Pehl, T. (2010), S. 726.

handschriftlichen Notizen wurde verzichtet.[168] Insgesamt lieferte das aufgezeichnete Audiomaterial 66 Seiten verschriftlichte Daten, die in den Anhängen F (Berlin), G (Shanghai), H (New York City) und I (Shenzhen) eingesehen werden können.[169] Die Transkriptionsregeln bzw. das der Datenaufbereitung zugrunde liegende Transkriptionssystem ist in Tabelle 2 zusammenfassend dargestellt.

Tab. 2: Transkriptionssystem

Kategorie	Transkriptionsregeln
Art der Transkription	Volltranskription (Verschriftlichung des gesamten Gesprächsinhaltes)
Zeitliche Ordnung	Sequenzielle Transkription inkl. Interviewerbeiträge
Verbale Elemente	• Formelle Differenzierung der Redebeiträge über die Schriftart • Anpassung der Äußerungen an schriftdeutsche Form • Angleichung bzw. Eliminierung von Unterbrechungen und Füllwörtern
Nonverbale Ereignisse	Eliminierung sofern keine Veränderung der inhaltlichen Bedeutung indiziert ist oder wichtige Kontextinformationen geliefert werden
Prosodische Phänomene	Keine Berücksichtigung prosodischer Phänomene wie z. B. Akzente, Tonhöhe oder Lautstärke sofern keine Veränderung der inhaltlichen Bedeutung indiziert ist oder wichtige Kontextinformationen geliefert werden
Transkriptionskopf	• Ort • Datum • Fallstudiengebiet • Kennzeichnung der Versuchsperson

Quelle: Eigene Darstellung in Anlehnung an Dresing, T. / Pehl, T. (2010), S. 727.

Die hermeneutische Analyse des verschriftlichten Datenmaterials erfolgt entsprechend der Motivation

---

[168] Vgl. Dresing, T. / Pehl, T. (2010), S. 728.
[169] Vgl. Anhang F, G, H, I (2020), S. 127-193.

explorativer und hypothesengenerierender Forschung induktiv und mithilfe des qualitativen Inhaltsanalyseverfahrens.[170] Zunächst erfolgte eine fallweise und sequenzielle Analyse des Datenmaterials in chronologischer Reihenfolge, bei welcher erste Hervorhebungen im Kontext der Forschungsfrage relevanter Äußerungen getätigt wurden.[171] Im Rahmen der nächsten Iteration der Datensichtung wurden bestimmte Äußerungen zusammengefasst .Auf Basis sich gegebenenfalls wiederholender oder inhaltlich wiederkehrender Äußerungen wurde versucht, die entsprechenden Gemeinsamkeiten zusammenfassend zu benennen. Im Nächsten Schritt der Analyse sollten somit inhaltliche Kategorien gebildet werden können (Kodierung).[172] Den bestehenden Kategorien bzw. Codes wurden darauffolgend Äußerungen aus den einzelnen Transkripten zugeordnet, sofern diese das übergeordnete Thema ebenfalls betrafen. Der Kategorienbildung folgte eine auf Basis der vergebenen Kodierungen vollzogene Abstraktion der geäußerten Inhalte. Die Abstraktion hat das Ziel die im Hinblick auf die Forschungsfrage bedeutsamen Strukturen und Entwicklungen herauszuarbeiten, diese möglichst

---

[170] Vgl. Döring, N. / Bortz, J. (2016), S. 599.

[171] Vgl. Brüsemeister, T. (2008), S. 58-60 bzw. Vgl. Renner, K.-H. / Heydasch, T. / Ströhlein, G. (2012), S. 112-114.

[172] Vgl. Mayring, P. / Brunner, E. (2009), S. 672-674.

präzise zu identifizieren und mit ihr in Verbindung stehende Implikationen, Verhaltensweisen und Einstellungen festzuhalten (thematische Analyse).[173] Mit der Wahl dieses Analyseverfahrens sollte ermöglicht werden, dass sowohl fallstudienspezifisch auftretende Einflüsse als auch solche der allgemeinen Entwicklung und Implikationen der Digitalisierung zugrunde liegenden und somit fallstudienübergreifende Effekte und konsumentenpsychologisch relevante Implikationen identifiziert werden können.

Insgesamt sollte diese methodologische Vorgehensweise einen strukturellen Rahmen zur Erhebung und Analyse der Daten bieten und gleichzeitig den Teilnehmern so viel Freiraum wie möglich verschaffen, potenzielle Einflüsse zu identifizieren, zu beschreiben und auch zu reflektieren. Um eine umfassende Extrapolation von Effekten und Implikationen zu gewährleisten, wurde ein globaler Ansatz intendiert, in dem die einzelnen Interviews mit Bewohnern verschiedener Metropolen der Welt durchgeführt wurden, die für ihre Smart-City Entwicklung bekannt sind. Auch wenn hierdurch natürlich in keinem Fall die Repräsentativität einer globalen urbanen Grundgesamtheit hergestellt werden kann, sollte diese perspektivische Erweiterung zumindest

---

[173] Vgl. Döring, N. / Bortz, J. (2016), S. 602-605.

vielversprechendere Antwortmöglichkeiten auf die Forschungsfrage generieren. Kulturell bedingte Unterschiede sollten so die Hypothesengenerierung nicht vorab einschränken. Die in Kapitel 3.2 – 3.5 dargestellten Analyseergebnisse geben die gewonnen Erkenntnisse systematisch wieder und sollen die Grundlage für die im vierten Kapitel folgende Diskussion bilden.

Die Städte.

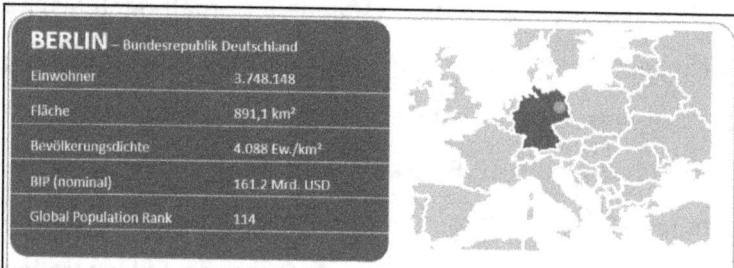

BERLIN – Bundesrepublik Deutschland

Einwohner	3.748.148
Fläche	891,1 km²
Bevölkerungsdichte	4.088 Ew./km²
BIP (nominal)	161.2 Mrd. USD
Global Population Rank	114

Berlin ist die bevölkerungsärmste Metropole im Umfang der Fallstudienanalyse. Dennoch verfolgt die Regierung Berlins, genauer die Senatsverwaltung für Stadtentwicklung und Umwelt, eine definierte Smart City Strategie. Das Berliner Verständnis einer Smart City hebt die Ressourceneffizienz bei maximal erreichbarer Lebensqualität hervor und integriert somit Nachhaltigkeit als zentralen Bestandteil in die strategische Definition einer Smart City. Fokusbereiche dieser im Jahr 2015 verabschiedeten Strategie sind u. a. die Schaffung einer intelligenten Stadtverwaltung, smartes Wohnen, Infrastruktur, Mobilität, Wirtschaft und öffentliche Sicherheit. Zur Optimierung dieser Fokusbereich wird in die Entwicklung von ICT und KI Technologien investiert.

Abb. 11: Stadtprofil - Smart City Berlin

Quelle: Eigene Darstellung in Anlehnung an Berliner Senatsverwaltung für Stadtentwicklung und Umwelt (Hrsg.) (2015), S. 3-5 bzw. Technologie Stiftung Berlin (Hrsg.) (2014), S. 13-15 bzw. United Nations Department of Economic and Social Affairs Population Division (Hrsg.) (2018), https://population.un.org/wup/Download/ bzw. Arbeitskreis Volkswirtschaftliche Gesamtrechnungen der Länder (Hrsg.) (2019),

Die Bundeshauptstadt Berlin hat sich mit der Verabschiedung einer Smart City Strategie im Jahr 2015 das Ziel gesetzt, Europas führende vernetzte und digital integrierte Metropole zu werden.[174] Hierfür arbeitet die Senatsverwaltung der Stadt mit branchenführenden Unternehmen in den Bereichen digitale Infrastrukturerstellung, IOT sowie Mobilitätsdienstleistungen zusammen, um in jeglichen Bereichen der urbanen Sphäre die Lebensqualität der Bewohner zu erhöhen. Konkret bedeutet dies auch die Anwendung verschiedenster Sensortechniken und anderer Technologien zur Erhebung von Big Data. Diese Analysen sollen sowohl den innerstädtischen Informationsfluss als auch das Verständnis für urbane Prozesse erhöhen, um die Bedürfnisse städtischer Akteure präziser zu definieren.[175]

Mit dem Projekt *Future Living Berlin* zum Beispiel, sollen gemeinsam mit privaten Investoren Wohnräume mit höchstmöglichem digitalen Vernetzungsgrad errichtet und so das Smart Living der Bewohner garantiert werden. Durch die Vernetzung beteiligter Akteure sowie auch von Objekten wird eine digital unterstützte Flexibilisierung des eigenen Lebensentwurfes angestrebt, auch mit dem Ziel

---

[174] Vgl. Berliner Senatsverwaltung für Stadtentwicklung und Umwelt (Hrsg.) (2015), S. 1–5.
[175] Vgl. Berliner Senatsverwaltung für Stadtentwicklung und Umwelt (Hrsg.) (2015), S. 7.

dadurch klare Lebensvisionen, sozialen Zusammenhalt sowie bürgerliche Partizipation zu fördern. Die Smart City Komponenten sollen hier also kollektiven Zusammenhalt durch Empowerment und Partizipation fördern, indem digitale Interaktions- und Abstimmungsplattformen Gestaltungsmöglichkeiten anbieten.[176] Sie stellen so eine gänzlich neue Form von konsumierbaren Produkten dar und haben großes Potenzial die Positionierung der Bewohner innerhalb der Städte zu verändern. Die Einführung solcher Plattformen zur Gestaltung bestimmter Teilgebiete der urbanen Sphäre stellen ein Interaktionsangebot dar und generieren eine große Menge bewohnerspezifischer Daten. Die digitale Integration nahezu aller innerhalb dieses Areals genutzten Objekte (wie z. B. Haushaltsgeräte) über das IOT erlauben eine tiefe Einsicht in Konsum- und Verhaltensgewohnheiten der beteiligten Akteure.[177]

Insgesamt verfolgt die Verwaltung eine auf Kooperation mit großen Konzernen beruhende Strategie den gesamtem Lebensraum zu digitalisieren und so den, mit dem schnellen Wachstum der Stadt verbundenen, Herausforderungen zu begegnen, aber auch die Lebensqualität der Einwohner durch digitale Lösungen zu

---

[176] Vgl. Future Living Dialog GmbH (Hrsg.) (2020), https://future-living-berlin.com/about/future-living-homes/.
[177] Vgl. Gutzmer, A. (2018), S. 45-48.

erhöhen. Dass die hierbei getätigten Investitionen zu großen Veränderungen des Stadtbilds führen und somit auch Folgen für Interaktions- und Entscheidungsprozesse aller Akteure bedeuten, scheint offensichtlich.

Das erste durchgeführte Interview lieferte Erkenntnisse über die Implikationen des Lebens im smarten Berlin. Vor allem die Bereiche individuelle Mobilität, Plattformlösungen zur Verbesserung der Lebensqualität, Geolokalisierung sowie die damit verbundene Erhebung von individuellen Positionsdaten, Konzepte und Folgen der Sharing Economy, autonomes Fahren, Online Shopping und Consumer Insights in Verbindung mit den Implikationen der dafür generierten persönlichen Datenmodelle wurden während des Interviews thematisiert. Im Einzelnen ließen sich die folgenden Ergebnisse destillieren.

Zu Beginn des Interviews wurde geäußert, dass ein wesentlicher Grund für die Wahl des Lebensmittelpunktes in Berlin darin besteht, dass kulturelle Vielfalt, ein breites Feld an möglichen Aktivitäten sowie die Möglichkeit interessante und neue Personen kennenzulernen erlebt werden konnte. Dies bestätigt die Grundannahme, dass zwischen Einwohner und dem urbanen Raum, in dem er lebt, eine Wechselwirkung und gegenseitige Einflussnahme besteht. Diese Reziprozität bildet folglich auch die

Grundlage für die konsumpsychologisch relevanten Konsequenzen. Die Metropole wird als Raum von Opportunitäten wahrgenommen, um eine Vielzahl von „Erfahrungen zu sammeln" Hinzu kommt die hervorgehobene Dynamik und Vielfalt des Lebensumfelds, welche die gemachten Erfahrungen in ihrer Intensität potenzieren können. Die Aussage: „Man hat das Gefühl es passiert einfach viel, es kommt viel Neues, die Stadt ist in Bewegung. Das mag ich eigentlich sehr. Zwar nicht immer, aber doch meistens schon. Vielleicht manchmal auch mehr so als Beobachter" gibt zum einen die positiven Aspekte dieser Dynamik wieder, zeigt aber zum anderen auch den überfordernden Charakter, indem die Notwendigkeit einer Beobachterfunktion in Form einer Metaebene ausgedrückt wird.

Ein zentraler Punkt in der Diskussion über die Aspekte und Technologien, die Berlin zu einer Smart City machen, wurden intelligente Mobilitätslösungen und ihre rasante Entwicklung sowie die infolgedessen entstandene Veränderung des Stadtbildes hervorgehoben. Es wurde geäußert, dass die Plattform-Ökonomie diese disruptiven Lösungen hervorbringen würde und so ein mächtiger Treiber neuer Formen des Konsums darstellt. Die hier angesprochenen Plattform- und Sharing-Lösungen tragen vor allem zur Flexibilität und Freiheit in der

Entscheidungsfindung bei, indem durch die zeitlich begrenzte Nutzung eines Sharing-Produktes die Notwendigkeit einer größeren Investition mit all ihren Folgen ausbliebe. Die hier angesprochenen Faktoren zielen auf das Involvement für ein Produkt ab, welches durch den Sharing-Gedanken reduziert würde, indem der Besitz, z. B. eines Autos, im Vergleich zur reinen Nutzung bei Bedarf über eine Plattform als „unterbewusste Belastung und auch Verpflichtung" angesehen wird. Das schlechte Gewissen, das aus der seltenen Nutzung eines teuren Produktes resultiere, könne verhindert werden, indem das Produkt genutzt, aber nicht besessen würde. Im Kontext des autonomen Fahrens erlangt dieser Aspekt weitere Bedeutsamkeit. Autonomes Fahren würde zu einer geringeren Identifikation, auch einem geringeren Involvement, mit dem Produkt führen und in der Folge das Bedürfnis reduzieren das Produkt auch selbst zu besitzen. Neben dem Aspekt, dass bestimmte Produkte so ihre Eignung als Statussymbol für den Käufer bzw. Besitzer verlieren, wurde auch die Konsequenz für das Stadtbild angesprochen. So ergäbe sich durch den reinen Effizienzgewinn durch automatisiertes Fahren ein deutlich geringer Bestand an Fahrzeugen in den Städten und so mehr anderweitig nutzbare Fläche im urbanen Raum.

Auf die Frage welche weiteren Implikationen die

Digitalisierung hervorbringt und potenziellen Einfluss auf das Verbraucherverhalten haben, wurde der Aspekt der steigenden Nutzung von Online-Shopping Möglichkeiten thematisiert. Die Bequemlichkeit dieser Form des Konsums wurde dabei hervorgehoben, im Gegenzug aber auch die daraus resultierenden Folgen für die Diversität der urbanen Einkaufskultur zum Ausdruck gebracht („[...] man kauft eben deutlich mehr Online ein, das ist bei mir auf jeden Fall auch so. Deutlich mehr als früher, weil es total bequem geworden ist. Für die Städte ist das aber vielleicht gar nicht so gut, weil die kleineren Läden aussterben"). Anerkannt wird an dieser Stelle aber auch, dass sich dieser Gefahr bereits viele Konsumenten bewusst sind und so gezielt kleinere und individuelle Geschäfte in der Stadt unterstützen, um so die Diversität, Heterogenität und Menschlichkeit zu wahren. Auch hier wird das Bewusstsein um die Reziprozität von Individuum und Umfeld deutlich, welches bei einigen Konsumenten zu einer relevanten Entscheidungsgröße geworden ist.

Des Weiteren wurde im Kontext des Online-Shoppings die Veränderung der Angebots- und Informationslandschaft erkannt. So gehe die weitgehende Verlagerung des Einkaufens in den digitalen Raum mit einer explosionsartigen Vermehrung der dargebotenen Informationen, Angebote, Vergleichsmöglichkeiten und

Kaufoptionen einher. Verglichen wird dies mit der überschaubaren Auswahl in physikalischen Geschäften, die zudem auch über weitere sensorische Modalitäten, wie z. B. das Fühlen oder auch Riechen der Produkte verfügt. Die deutlich größere Menge dargebotener Informationen beim Online-Shopping wird als Überforderung identifiziert, die wiederum als Einfluss auf das allgemeine Kaufverhalten angesehen wird. Ersichtlich ist dies in der Äußerung: „Und ich glaube diese Überforderung wollen die Online-Shops wie Amazon einfach nicht haben, denn ich glaube wenn man überfordert ist, dann ist das eigentlich kein gutes Gefühl und bei mir ist es so, dass ich schon ein gutes Gefühl mit meiner Auswahl haben will, meistens."[178] Die Überforderung in Form der Informationsüberflutung hat also das Potenzial Entscheidungen und somit auch den Konsum zu blockieren oder zu drosseln, da sie mit negativen Konstitutionen assoziiert würde.

Aus Sicht der anbietenden Unternehmen stelle dies ein Problem dar, welches mithilfe von *Recommendation Engines* auf Basis konsumentenspezifischer Daten gelöst werden könne. So können künstlich intelligente Algorithmen auf Basis einer Einsicht des individuellen Konsumentenverhaltens und einer folgenden Einschätzung das Informationsangebot kundenspezifisch und

---

[178] Anhang F (2020), S. 134.

zielgerichtet aufbereiten und selektiv widergeben. Dieser Aspekt der Individualisierung des dargebotenen Angebotsspektrums wird als Erleichterung des Kaufprozesses und auch als Zeitersparnis oder „Hilfe" angesehen. Neben diesem vorteilhaften Aspekt und Effizienzgewinn wird gleichwohl aber auch die fehlende Transparenz der hinter der Selektion stehenden Mechanismen bzw. Algorithmen und ihrer Funktionsweise erkannt und kritisiert: „Also das kann glaub ich schon eine Hilfe [...] für jemanden sein, der online einkauft, weil es ihm den ganzen Einkaufsprozess und das Vergleichen [...] erleichtert und einem den Kauf [...] vorbereitet. Aber [...] ich [finde] das nicht zwingend positiv, weil das auch dann nicht mehr hundertprozentig kontrollierbar ist durch mich."

Die sich daraus ergebenden, auch psychologischen, Folgen werden in Abhängigkeit zum Grad der Bewusstmachung solcher Eingriffe gesetzt. So würde eine Bewusstmachung der geplanten Einflussnahme auf das Entscheidungsverhalten durch solche Mechanismen potenzielle Coping-Strategien hervorbringen, die es ermöglichen die Effekte der Beeinflussung als solche zu erkennen und zu reduzieren. Gleichzeitig besteht die Einsicht, dass nicht jeder Konsument die Vergegenwärtigung dieser Beeinflussung anstrebt bzw. diese aus verschiedenen Gründen nicht durchführt, sich so an die Nutzung und die einhergehende Erleichterung des Entscheidungsprozesses schnell gewöhnen kann und dass auch der Grad der Bewusstmachung von Konsument zu Konsument variiert. Die Weiterführung des Gedankens der Aufbereitung kaufentscheidungsrelevanter Informationen zum Beispiel durch eine KI mündet in der Diskussion über potenzielle Folgen, wenn ein solcher digitaler Assistent aus dem bestehenden Informationsangebot nur noch Entscheidungsvorschläge generiert. So könnten hierbei zentrale kognitive Fähigkeiten, wie das Vergleichen quantitativer Informationen, wie z. B. Preise und Mengen oder die kritische Auseinandersetzung mit verschiedenen Produktalternativen beeinträchtigt werden, wodurch aber anderseits auch Ressourcen für andere kognitive Aufgaben freigemacht werden könnten. Diese Beeinträchtigung würde wiederrum mit einer erhöhten Vulnerabilität für Manipulationen einhergehen, da das Vertrauen in die Fähigkeit der Assistenten bei Zufriedenheit mit den durch sie getroffenen Entscheidungen wächst. Umso größer diese Vulnerabilität ist, desto wichtiger sei eine ethische und moralische Auseinandersetzung mit den dahinterliegenden Motiven der Beeinflussungsversuche und der Unternehmen, welche die Algorithmen steuern. Transparenz über die hier verfolgten Ziele und Strategien der datenverwaltenden Unternehmen sei erforderlich, um sich vor nicht gewollten Eingriffen in die individuelle Entscheidungsfreiheit schützen zu können.

Darüber hinaus bestünde ebenfalls die Gefahr der konstanten Bestätigung des eigenen Verhaltens, so wie es in den sozialen Netzwerken bereits existiere, auch im Kontext von Kaufentscheidungen. So könne ein intelligenter Algorithmus die Informationsselektion so ausführen, dass bereits bestehendes Verhalten fortwährend incentiviert würde, um so Gewohnheiten auszubilden, die im Konsumkontext relevant sind. Die dadurch entstehende Filterbubble würde demnach auch eine Verzerrung zwischen der tatsächlichen und der wahrgenommenen, da selektierten (digitalen) Realität bedeuten. Das subjektive Gefühl dadurch Teil einer größeren Zielgruppe oder eines größeren Trends zu sein und in diesem Sinne Konsumentscheidungen zu treffen kann als Bestätigung und Affirmation dieser Entscheidungen wahrgenommen werden. Die Ansicht, dass viele Konsumenten und Nutzer digitaler Technologien davon überzeugt sind, dass gerade sie unbeeinflusst von solchen Filterblasen agieren und handeln, führe zu dem Risiko mangelnder Bewusstmachung der Beeinflussung und verhindere so auch den Aufbau von Resilienz und potenziellen Coping-Strategien und in der Folge auch hier zu erhöhter Vulnerabilität und Empfänglichkeit für

Manipulationstechniken.

In direktem Zusammenhang mit der Effektivität der Beeinflussungsversuche stünde die Erkennung von Mustern im Verhalten der Konsumenten durch die Erhebung von Big Data und ihre anschließende Analyse durch künstlich intelligente Algorithmen und neuronale Netzen. Die Ausstattung der Städte mit Sensoren und Kameras sowie die fortwährende Aufnahme kundenspezifischer Daten über das Online-Nutzerverhalten sorge für eine Datenbasis, aus der präzise Vorhersagen über das Konsumentenverhalten von Kundengruppen oder Einzelnen geschlossen werden können, um so z. B. „passgenaue Angebote zu machen", aber dabei auch in „eine sehr private Sphäre [...] eindring[en]" Zunächst stelle die Erhebung der Daten zwar das Potenzial für die Unternehmen dar, aus ihnen wertvolles Feedback zur Verbesserung der Produkte zu derivieren, die Unternehmen wie Amazon, Google oder auch Facebook nutzen die Daten aber zur gezielten Anlage von kundenindividuellen Consumer Insights und verletzen somit Freiheitsrechte der Konsumenten und schaffen keine Transparenz über die Art der Verarbeitung persönlicher Daten. Die Notwendigkeit eines regulatorischen Eingriffs zur Wahrung des persönlichen Datenschutzes und die diesbezügliche Inpflichtnahme der großen Datenkonzerne wird in diesem Kontext hervorgehoben: „Da müssen die Regelungen eigentlich klarer sein, was man darf und was nicht darf und was man auch offenlegen muss, zum Beispiel was mit deinen Daten konkret passiert und das sollte ja nicht irgendwo kleingedruckt in einer 100 Seiten langen Nutzererklärung versteckt sein dürfen." Es läge also mitunter eine bewusste Täuschung der Konsumenten hinsichtlich der Nutzung erhobener Daten vor, die in der Reaktion nicht immer folgenlos bliebe. Daraus abgeleitet wird die Vermutung geäußert, dass ein Teil der Konsumenten bereit sein wird, persönliche Information im Tausch gegen die Leistungen solcher Recommendation Engines oder auch anderer Verwertungsmethoden dieser Daten einzutauschen, da es Bequemlichkeit und ein präzise auf die individuellen Bedürfnisse adaptiertes Einkaufserlebnis bedeuten würde. Ein anderer Teil der Konsumenten jedoch könnte nach der Bewusstmachung der Intensität solcher Steuerungsmethoden zu dem Schluss kommen, den Umfang des Online-Shoppings stark zu reduzieren oder auf Lösungen und Anbieter auszuweichen, die den Fokus auf die Wahrung persönlicher Daten und Freiheitsrechte legen. Diese Tendenz sei nicht nur auf das Einkaufsverhalten, sondern auch die „Lebensbereiche [...] Gesundheit, Pflege, Shoppen, Wohnen, Auto fahren" auszuweiten. Die dichotome Spannung zwischen Unternehmen, die ihren Einfluss in vielen Lebensbereichen erhöhen wollen und den Konsumenten, die sich vor einer Einflussnahme schützen wollen, würde somit mit der weiteren Entwicklung dieser Methoden größer und problematischer werden.

Eine persönliche Beobachtung des Freundeskreises veranlasst hier zu der Vermutung, dass die hierdurch entstehende Bewusstmachung ein wichtiger Aspekt und ein großer Einflussfaktor für das Konsumverhalten darstellen könne. So führe sie zu einer im Allgemeinen bewussteren und achtsameren Form des Konsums, in welcher die eigenen Bedürfnisse und Anschaffungen stetig kritisch hinterfragt würden und weniger Transaktionen getätigt werden, die lediglich das Bedürfnis des Kaufens an sich befrieden („Das [...] würde dann vielleicht sogar dazu führen, dass mehr Leute in eine bewusstere Form des Konsums kommen und nicht mehr nur einfach kaufen, weil es Spaß macht, sondern sich ein bisschen darauf besinnen, was wirklich sinnvolle Anschaffungen sind und was man nur aus irgendwelchen situativen Impulsen heraus kauft.")

Abschließend wird die Konklusion gezogen, dass die Technologien, die mehr und mehr Einzug in den Alltag finden das Potenzial zur Verbesserung der Lebensqualität der Einwohner haben, aber eine Vorhersage erscheine angesichts der Dynamik der Entwicklung schwer zu treffen.

Ob sich das Leben in einem smarten Berlin zur Utopie oder Dystopie entwickelt, hänge „von der persönlichen Einstellung ab und es kommt darauf an wie man sich in einem solchen Umfeld zurechtfindet, was man an sich ran lässt, aber auch wovor man sich bewusst verschließt."

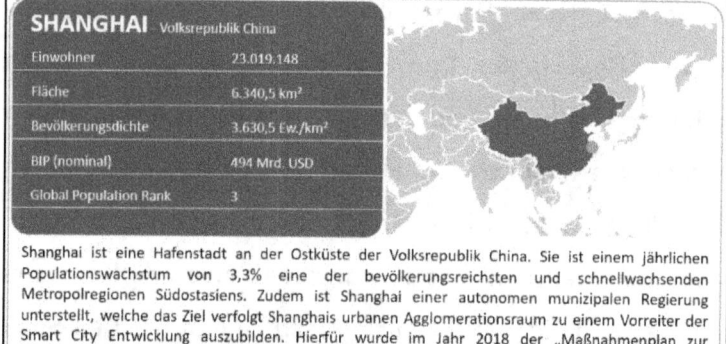

Abb. 12: Stadtprofil - Smart City Shanghai

Quelle: Eigene Darstellung in Anlehnung an Staatsrat der Volksrepublik China (Hrsg.) (2017), bzw. China Innovation Funding (Hrsg.) (2018), intelligence-development/ bzw. United Nations Department of Economic and Social Affairs Population Division (Hrsg.) (2018),

Die Entwicklung Shanghais, der bevölkerungsreichsten Metropole der Volksrepublik China, zu einer Smart City ist eng mit dem nationalen Programm zur Weiterentwicklung künstlich intelligenter Technologien verknüpft. Seit 2015 werden in China weitreichende Maßnahmen getroffen, um künstlich intelligente Technologien und ihre Weiterentwicklung zu fördern. Die sowohl durch staatliche Institutionen als auch private Investoren und Sci-Tech Großkonzerne verfolgte Strategie, in diesem wirtschaftlich vielversprechenden Bereich eine Vormachtstellung zu erlangen, wurde im Juli 2017 mit der Veröffentlichung der finalen nationalen KI-Strategie *New Generation Artificial Intelligence Development Plan* (新一代人工智能发展规划) formalisiert und verabschiedet.[179] Bis 2030 soll die Volksrepublik China so zum Weltführer der KI-Industrie werden und ein ökonomisches Potenzial von 11 Billionen RMB, also ca. 1,5 Billionen US-Dollar erschließen.[180]

Zur Umsetzung dieser übergeordneten Strategien sind die Provinz- und Munizipalregierungen dazu verpflichtet diesen Entwicklungsplan auf die von ihnen zu verantwortenden Gebiete zu applizieren und Maßnahmen zu konkretisieren. Für Shanghai wurden hieraus sowohl die *Implementation Measures for Accelerating the High-Quality Development of Artificial Intelligence* (关于加快推进

---

[179] Vgl. Staatsrat der Volksrepublik China (Hrsg.) (2017), http://www.gov.cn/zhengce/content/2017-07/20/content_5211996.htm.
[180] Vgl. European Comission Delegation of the European Union to China (Hrsg.) (2018), S. 4-6.

人工智能高质量发展的实施办法)[181] als auch der *Smart City Implementation Plan* (上海市推进智慧城市建设 "十三五" 规划)[182] abgeleitet. Kern dieser beiden Strategien ist die finanzielle Förderung von Projekten, Applikationen und Start-Up Unternehmen zum Beispiel zu den Themengebieten Internet of Things, autonomes Fahren, Cloud Computing oder Big Data. Auf Basis der hieraus hervorgehenden Förderungsstruktur, sowohl von Smart City-, als auch KI-Projekten konnte sich Shanghai zu einer der bedeutendsten Smart Cities entwickeln, welche vor allem eine Vielzahl verschiedener Projekte in sogenannten *pilot zones* erprobt und damit potenzielle Anwendungsgebiete digitaler Technologien im urbanen Raum zu erschließen versucht.[183]

Die Strategie und der erwartete Erfolg Shanghais als Smart City basiert auf der Errichtung einer Smart Governance, die mithilfe von Big Data und Big Data Analytics dazu in der Lage ist das Verhalten der Bewohner aufzuzeichnen, zu analysieren und zu interpretieren, um auf der einen Seite effiziente und effektive politische Lösungen treffen zu können und so Herausforderungen des urbanen

---

[181] Shanghai Government (Hrsg.) (2018), http://www.shanghai.gov.cn/nw2/nw2314/nw2315/nw4411/u21aw1339646.html.
[182] Shanghai Government (Hrsg.) (2016), http://www.shanghai.gov.cn/nw2/nw2314/nw2319/nw12344/u26aw50147.html.
[183] Vgl. China Innovation Funding (Hrsg.) (2019), http://chinainnovationfunding.eu/establishment-of-shanghai-pudong-artificial-intelligence-innovation-application-pilot-zone/.

Wandels zu begegnen, auf der anderen Seite aber im Rahmen von Kooperationen zwischen Staat und privaten Unternehmen (Public Private Partnerships) aus den bestehenden Daten gewinnbringende Geschäftsmodelle zu entwickeln. Hierzu wurde für die Bewohner Shanghais eine sogenannte Citizen-Cloud errichtet, in der jeder Einwohner seinen persönlichen Account täglich mit neu generierten Daten anreichert und auf die er mit seinem Smartphone zugreifen kann.[184] Hierfür wird sowohl auf künstlich intelligente Algorithmen zur Bewältigung und Interpretation der Daten, als auch auf artifizielle perzeptive Prozesse wie Gesichts- und Spracherkennung zurückgegriffen.[185] Zum einen werden hierdurch die Zugänge und die Durchführung verschiedener behördlicher Abläufe erleichtert. Zum anderen werden stetig neue Verhaltensweisen und persönliche Daten mithilfe dieses Tools erhoben. Eine ethische Bewertung dieser Form des metropolitanen Huge Data Minings soll an dieser Stelle nicht erfolgen, doch vermag offensichtlich zu sein, dass die Exposition und Inkorporation dieser orwellschen Lebensumstände eine tiefgehende Verhaltensbeeinflussung von Individuen und urbanen

---

[184] Vgl. Markt & Technik (Hrsg.) (2018), https://www.elektroniknet.de/markt-technik/industrie-40-iot/chinas-smart-city-offensive-159064-Seite-3.html
[185] Vgl. Wonder Information Co., Ltd (Hrsg.) (2020), http://www.wondersgroup.com/en/?p=5733.

Kollektiven zur Folge haben kann, die sich in der Konsequenz auch auf das Konsumverhalten niederschlägt.[186]

Neben dem Aspekt der digitalen Smart Governance sorgen in Shanghai viele Projekte zum Thema Smart Environment, im speziellen zum Urban Farming und Urban Gardening, für die Fokussierung einer nachhaltigen Stadtentwicklung und Versorgung. So kann circa die Hälfte des Bedarfs an Obst und Gemüse der Stadtbewohner auf Basis von moderner urbaner Agrarwirtschaft gedeckt werden. Hierfür wurde ein komplexes Recycling- und Landwirtschafts-Ökosystem rund um die Stadt geschaffen. Zum einen werden hier 80% der organischen Abfalls der Stadt kompostiert um Agrarprodukte anzubauen und somit die weitestgehend regionale Versorgung der Stadt zu gewährleisten. Zum anderen wird durch die Verwertung der Abfälle eine Biogasanlage betrieben, die ca. 100.000 Haushalte pro Jahr mit Elektrizität versorgen kann.[187] Anders als das Urban Farming hat das Urban Gardening eher die Steigerung der Lebensqualität der Bewohner sowie die Renaturierung bestimmter Stadtgebiete zum Ziel. Dennoch sind die Konzepte eng verwandt. Um die ökologische Nachhaltigkeit des modernen Stadtbilds zu

---

[186] Vgl. Shanghai Government (Hrsg.) (2017), http://www.shanghai.gov.cn/shanghai/node27118/node27818/u22ai86769.html
[187] Vgl. Cai, J. u. a. (2011), S. 60-62 bzw. Vgl. WWF (Hrsg.) (2012), https://wwf.panda.org/?204455/Shanghai-urban-farming

betonen, werden im Stadtteil Pudong vertikale und hydroponische Pflanzsysteme errichtet. Bestandteil der Wahrung städtischer Biodiversität ist darüber hinaus der Aufbau sogenannter Samenbibliotheken, um seltene botanische Spezies für zukünftige Generationen zu präservieren.[188] Analog zum Beeinflussungspotenzial groß angelegter Datenspeicherung, kann die Fokussierung ökologischer Nachhaltigkeit und nachhaltiger Versorgungssicherheit in Shanghai das Verhalten seiner Bewohner und ihre Interaktion innerhalb des urbanen Raumsystems verändern.

Das zweite Interview fokussierte das Leben in der Smart City Shanghai und welche Einflüsse auf die Bewohner bestehen. Auch hier wurde eine Vielzahl an Themen, wie die Auswirkungen der schnellen wirtschaftlichen Entwicklung der Stadt, der Einfluss der chinesischen Regierung auf die Einwohner, die Migration aus dem ländlichen Raum nach Shanghai und ihre Folgen, die Verbreitung der Smart Phone Nutzung in der Bevölkerung, kulturelle Besonderheiten im Umgang mit der Digitalisierung, die Beeinflussung des menschlichen Belohnungssystems durch digitale Medien, Konsequenzen

---

[188] Vgl. ArchDaily (Hrsg.) (2017), https://www.archdaily.com/868129/sasaki-unveils-design-for-sunqiao-a-100-hectare-urban-farming-district-in-shanghai.

der Nutzung künstlich intelligenter Assistenten, der Umgang mit Big Data als wirtschaftliche Kommodität sowie das Phänomen des Nudgings durch künstlich intelligente Algorithmen besprochen. Auf die zentralen und im Hinblick auf die Forschungsfrage relevanten Erkenntnisse soll im Detail eingegangen werden.

Ein einflussreicher Aspekt des Lebens in Shanghai sei die Polarität der Stadt also, die gleichzeitige Verkörperung extremer Gegensätze wie alt und neu oder arm und reich. So seien aufgrund der rasanten Entwicklung der Stadt diese extremen Gegensätze spürbar und prägen das alltägliche Leben. Die wirtschaftliche Öffnung Chinas habe diese Gegensätze hervorgebracht, da die Regierung nicht immer rechtzeitig auf die Veränderungen reagieren konnte. Ein Umstand, der auch im Anblick der digitalen Innovationen eine gegenwärtige und zukünftige Herausforderung darstelle. Bereits damals wurde durch hohe Investitionen die Innovations- und Entwicklungsgeschwindigkeit der Stadt zu maximieren versucht und so ein sehr dynamisches Lebensumfeld geschaffen, dem sich die Anwohner entweder anpassen mussten, oder abgehängt wurden. Auch heute verkörpert Shanghai für viele ärmere Menschen aus den ländlichen Regionen die Hoffnung und die Chance Teil dieses Aufstrebens zu werden.

Da die Stadt sowie die Versorgung ihrer rund 25

Millionen Einwohner mir erheblichen Herausforderungen einhergeht, sei Shanghai darauf angewiesen eine Smart City zu sein und auf hochentwickelte technologische Lösungen zur Bewältigung eben dieser Herausforderungen zurückzugreifen. Als Beispiel für diese Anpassungsfähigkeit wird das U-Bahn System Shanghais herangezogen, welches zu den strukturiertesten und organisiertesten öffentlichen Transportsystemen der Welt zähle und die individuelle Mobilität der Einwohner mit höchst möglicher Flexibilität garantiere. Die Anpassungsfähigkeit der Stadt wiederum fordere eine höhere, auch psychologische, Anpassungsfähigkeit ihrer Einwohner.

Die Beantwortung der Frage welche zentralen Aspekte des alltäglichen Lebens sich in den vergangenen Jahren durch die Digitalisierung verändert hätten, thematisierte die Nutzung digitaler Endgeräte in der Bevölkerung. So sei die Nutzung von Smartphones mittlerweile allgegenwärtig und ziehe sich durch jede Bevölkerungsgruppe. Im Vergleich zu europäischen Städten, würden in China bzw. Shanghai vor allem die älteren Generationen das Smart Phone täglich und sehr intensiv nutzen. Eine U-Bahn-Fahrt, in der nahezu jeder Passagier das Smart Phone zu unterschiedlichen Zwecken genutzt hat (Filme schauen, lesen, Musik hören, spielen, Nachrichten schreiben, shoppen) spräche sinnbildlich für die Akzeptanz der Anwendungsmöglichkeiten. Hier wird in der Reflexion vor allem auf den Punkt eingegangen, dass diese Nutzung bedeute, dass sich jeder Nutzer neben der physikalischen Realität in einer digitalen Sphäre aufhalte, die mehr und mehr zum Lebens- und Wirkungsraum für ihn werde („[...] Every one of us, who is extensively using their phone, every time she starts using it is entering a whole new realm, a sort of dislocated sphere of their own lives, a virtual reality you can say.").

Die dadurch entstehenden Konsequenzen seien weitreichend und würden sowohl physiologische als auch neuroendokrinologische Veränderungen bedeuten, die vor allem das Belohnungssystem betreffen. Die stetige Nutzung verleite den Konsumenten in ein Abhängigkeitsverhältnis zu digitalem Input, das auf der Freisetzung von Glückshormonen beim Lesen einer Nachricht, beim Spielen des Lieblingsspiels oder dem Feedback eines anderen Nutzers in Form von Likes oder Ähnlichem beruht. Als Gefahr wird hier angesehen, dass der digitale Stimulus keine Entsprechung in der realen Welt hat und so dazu führen könnte, dass mehr und mehr Zeit in digitalen Realitäten verbracht würde, um diese Sucht zu befriedigen. Diese Verlagerung der allgemeinen Lebensaktivitäten in eine digitale Sphäre, habe großen

Einfluss auf nahezu alle Aspekte des Zusammenlebens, verändere die Art wie wir denken und gefährde unsere soziale Interaktionsfähigkeit. Die dabei entstehende digitale Persönlichkeit stehe in einem entrückten und nahezu konträren und somit dichotomen Verhältnis zur eigentlichen Persönlichkeit und baue eine Spannung auf, die sich in einer Vielzahl negativer Effekte, z. B. in Form psychischer Krankheiten manifestieren und entladen könne. Es ist hier klar erkennbar, dass so weitreichende allgemeine psychologische Folgen in der Konsequenz auch konsumentenpsychologische Relevanz erlangen.

Ein weiterer damit verbundener Aspekt liege in der Errichtung des Internet of Things, welches durch den Ausbau des 5G Netzwerkes ermöglicht werde. Somit treten nicht nur Objekte untereinander in Verbindung, sondern auch der Mensch bzw. sein digitaler Avatar kommuniziert und interagiert mit einer Vielzahl an verbundenen Objekten. Dies eröffne zwar viele Möglichkeiten der Interaktion und Alltagsgestaltung, stelle aber auch eine nicht abschätzbare Überflutung von Informationen dar, die potenziell negative Folgen für die kognitive Leistungsfähigkeit und psychische Sanität der Nutzer habe. Die Interviewteilnehmerin stellt hier in Aussicht, dass durch diese Erweiterung der Kapazitäten digitaler Kommunikation auch die Zahl der Anwendungsfälle für Konsumenten drastisch steigt. So wird skizziert, dass in einer solchen vernetzten Landschaft integrierter smarter Objekte und intelligenter Algorithmen Konsum- und Einkaufsprozesse dann auch ohne menschliche Beteiligung stattfinden könnten. Es handelt sich dabei, um die gedankliche Weiterführung von Recommendation Engines und ihre Verbindung mit persönlichen digitalen Assistenten, die nach und nach nicht nur bessere Vorschläge hervorbringen, sondern sogar in Zukunft durch ihre Nutzer dazu befähigt werden, Kaufentscheidungen im Namen des Nutzers autonom zu treffen. So befinde man sich aktuell mit dem Online-Shopping in einer Übergangsphase und so in einer Hybris zwischen physikalischen und digitalen Prozessen beim Kauf von Produkten. Wo früher rein physikalische Transaktionen stattfanden, finden gegenwärtig hybride, und in Zukunft rein digitale Transaktionsprozesse statt, die von künstlich intelligenten Algorithmen auf Käufer- und Verkäuferseite durchgeführt würden. So hätte man einen künstlich intelligenten Assistenten, der die eigenen Bedürfnisse so realistisch und präzise einschätzen kann, dass ihm die Verantwortung zum Kauf verschiedener Güter übertragen wird. Beginnend mit eher unwichtig erscheinenden Verbrauchsgütern, bei stetiger und steigender Zufriedenheit mit den artifiziellen Entscheidungen würden auch kostenintensivere

Gebrauchsgüterkäufe an den Assistenten ausgelagert werden. Die Organisation individueller Bedürfnisbefriedigung und aller mit ihr in Verbindung stehenden Anstrengungen würde somit übernommen.

Als Analogie wird hier die von Elon Musk angeführte Metapher des Cyborgs herangezogen. Unter einem Cyborg versteht man technologisch modifizierte biologische Organismen. Seine Aussage besteht darin, dass wir mit dem Auslagern kognitiver Fähigkeiten an digitale Entitäten, zum Beispiel der mit einem Angebotsvergleichs- oder Kaufprozess in Verbindung stehende Überlegungen und Bewertungen, wie das Abrufen, Visualisieren oder Evaluieren von Preisunterschieden oder Vergleichsrechnungen, bereits heute technologisch unterstützte Organismen sind, die zum Beispiel ihr eigenes Gedächtnis dadurch artifiziell erweitern, dass sie über das ständig in der Hosentasche befindliche Smartphone auf kollektive Erinnerungen zurückgreifen. Es sei langfristig natürlich schwer einzuschätzen, ob und wenn ja inwiefern durch das Auslagern solcher kognitiven Fähigkeiten, diese beim Menschen beeinträchtigt werden und er in Zukunft vielleicht nicht mehr so effizient in der Lage ist auf diese im Kontext von Konsumentscheidungen zuzugreifen. Auch hier wird als Analogie der Verlust handwerklicher Fähigkeiten angeführt, nachdem Roboter eben diese automatisiert abbilden konnten. Eine ähnliche Gefahr bestünde nun für kognitive Fähigkeiten, eröffne aber somit das Potenzial sich durch die freiwerdenden Ressourcen auf komplexere Aufgaben zu fokussieren und deren Bewältigung zu optimieren.

Aus Sicht der vermarktenden Unternehmen könne die zunehmende Abhängigkeit auf Seiten der Nutzer dazu führen, dass die neben dem Smartphone für die Vermarktung genutzten Medien, wie Fernsehen, Radio oder Plakatwerbung an Bedeutung verlieren und sich die Marketing- und Kommunikationsmaßnahmen auf die Smart-Phone-Werbung fokussieren. Es bestehe die Möglichkeit, dass so eine Konkurrenz um die Aufmerksamkeitsressource der potenziellen Konsumenten entsteht, die sich anhand der Screentime quantifizieren lasse. Ähnlich gibt es auch aktuell schon einen Google Algorithmus, der Werbung und Anzeigen anderer Unternehmen bewertet und diese bei Eignung auf Basis einer Einschätzung auf den Bildschirmen der passenden Konsumenten darbietet. Da es sich bei der Screentime um eine limitierte und gefragte, da sehr beeinflussungsrelevante, Ressource handele, werde der Effektivität der geschalteten Werbung eine hohe Bedeutung beigemessen. So ist es wichtig, dass der Wirkungsgrad der geschalteten Werbung, also die auf die Anzeige der

Werbung folgende Kaufwahrscheinlichkeit des beworbenen Produktes, sowohl durch eine präzise Einschätzung des Nutzenden, als auch eine auf seine prognostizierten Bedürfnisse abgestimmte und durch eine KI tiefgehend analysierte Werbeanzeige maximiert werde.

Im weiteren Verlauf des Interviews wird eine Erklärung für die Motivation dieser Entwicklung dargestellt, die im Wesentlichen auf der Ausbalancierung zwischen Angebot und Nachfrage und dem entstehenden Marktgleichgewicht beruht. So habe das in den vergangenen Jahren in den Industrienationen bestehende Überangebot zu einer Vormachtstellung der Nachfrager, einem sogenannten Käufermarkt geführt. Erst in einem Käufermarkt, in welchem die Käufer die Auswahl zwischen verschiedenen Produkten und Anbietern zur Befriedigung der Nachfrage haben, ergibt sich die Notwendigkeit für unternehmensseitige Marketing- und Kommunikationsmaßnahmen, um das eigene Produkt aus der Auswahl hervorzuheben. Die Unternehmen sehen in der nun aufstrebenden Verwendungsmöglichkeit digitaler Technologien - vor allem diese, die Consumer Insights generieren - die Opportunität diese Disbalance zugunsten der Unternehmen zu verbessern, indem sie die Produkte deutlich zielgerichteter vermarkten und darüber hinaus nicht nur in der richtigen Zielgruppe, sondern direkt dem individuellen Kunden mit der höchsten Kaufwahrscheinlichkeit. Die Frage, ob es sich bei dieser Form des Marketings um Einflussnahme auf der Basis des Motivs der besseren und genaueren Bedürfnisbefriedigung im Sinne des Kunden oder um Manipulation zur Umsatzmaximierung handelt sei stark abhängig von der eingenommenen Perspektive. Auch hier wird die Bewusstmachung der Konsequenzen einer Preisgabe persönlicher Informationen hervorgehoben.

Ein weiterer zentraler Aspekt betrifft auch hier die Anpassungsfähigkeit der Konsumenten an das sich schnell wandelnde Umfeld. So sei die Fähigkeit zur schnellen Anpassung und Akzeptanz sowie Nutzung der dargebotenen Lösungen wichtig, um nicht abgehängt zu werden. Besonders älteren Einwohnern falle diese schnelle Anpassung schwer und belaste sie zunehmend. Jede einzelne digitale und smarte Lösung verspräche die Vereinfachung und optimierte Bewältigung alltäglicher Herausforderung, die Vielzahl, Diversität, Dynamik und Geschwindigkeit der digitalen Sphäre und die durch sie hervorgebrachten Lösungen jedoch erhöhe die allgemein empfundene Komplexität des Lebens in einer digitalen Gesellschaft enorm. Sensorische Deprivation sowie bewusste Abschottung der Reizüberflutung seien Maßnahmen, um sich von der Auseinandersetzung mit dieser Form der Komplexität zu erholen. Doch seien die Unternehmen sich auch eben dieser Überflutung bewusst und bieten mit künstlich intelligenten Assistenten Lösungen an, die den belasteten, da überfluteten und überforderten Einwohnern Abhilfe zu schaffen vermögen, indem sie ihnen einen Teil der kognitiven Last abnehmen und bestimmte Aufgaben für sie erledigen.

Resümierend wird festgestellt, dass die in einer postmodernen digitalen Gesellschaft bestehenden Probleme sich von bisherigen Herausforderungen, denen der Mensch im Lauf seiner Geschichte fortwährend konfrontiert sah, dahingehend unterscheiden, als dass es sich bisher um Folgen des Mangels bestimmter Faktoren handelte, wie z. B. Nahrung, Schutz oder Hygiene („In the past we had problems with scarcity of things, food, shelter, water and that made us sick."). Die heutigen Probleme jedoch seien Probleme des Überflusses, z. B. in Manifestation von Informationsüberflutung oder sensorischer Überforderung und würden in viele psychopathologische Verhaltensweisen und auch Krankheitsbildern wie Depressionen oder Persönlichkeitsstörungen münden („Today what we have is diseases of abundance, so too much food too much things you possess and also too much information coming in that will get you addicted maybe even. So psychological diseases like personality disorder, depression, anxiety might all be related to abundance and information overflow. So he says when the big companies follow this strategy to make people addicted to their content, also by using psychological manipulation, if we do not build any form of resistance ourselves, we will suffer from the symptoms of this abundance and overwhelming."). Auch wenn sich dieser Aspekt weit über die Grenzen konsumpsychologischer Implikationen erstreckt und im gesamtgesellschaftlichen Kontext auch weit bedeutsamer erscheint, sei die Relevanz für jegliche Form sozialer, darunter auch ökonomisch begründeter, Interaktionen besonders hervorzuheben.

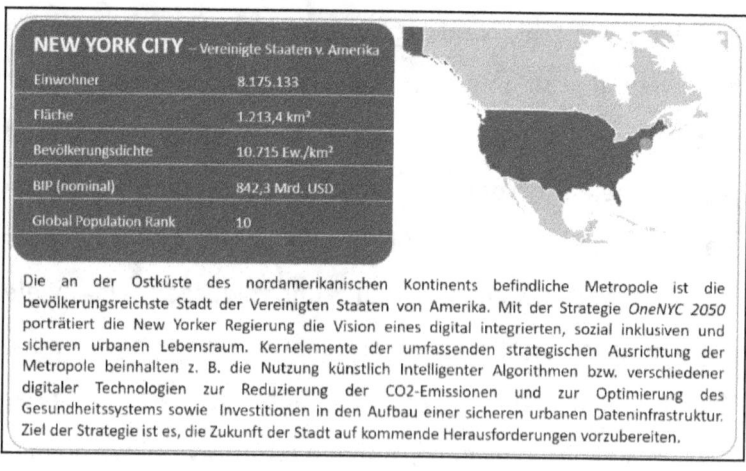

Abb. 13: Stadtprofil - Smart City New York

Quelle: Eigene Darstellung in Anlehnung an Fraunhofer-Gesellschaft (Hrsg.) (2013), S. 13-17 bzw. The City of New York Mayor Bill de Blasio (Hrsg.) (2019a), Economic and Social Affairs Population Division (Hrsg.)

(2018),

Die Smart-City-Strategie New Yorks versucht mit einem ganzheitlichen Ansatz die Lebensqualität der Bewohner in den Bereichen ökologischer Nachhaltigkeit, Zugang zu digitalen und auch finanziellen Ressourcen, Sicherheit und Bekämpfung von Kriminalität sowie sozialer Inklusion mithilfe von Datenintegrationsmethoden zu erhöhen.[189]

So konnte vor allem das Problem erhöhter Kriminalität innerhalb der Metropole im Rahmen dieser Strategie bereits angegriffen und so die Sicherheit der Einwohner erhöht werden. Bereits 1994 wurde im Rahmen eines Programmes zur Lokalisierung von Strafhandlungen auf informationstechnologische Konzepte gesetzt, um Kriminalitätsschwerpunkte im Stadtgebiet zu identifizieren. Auf Basis von moderner Big Data Analysen wird seit 2018 das System *HunchLab* getestet, welches große Mengen an Daten über historische Fälle jeglicher Form von Kriminalität verwertet und so die Möglichkeit bietet Verbrechen und Straftaten im Stadtgebiet vorherzusagen. Die Vision besteht darin, diese Daten nicht nur zur Vorhersage krimineller Geschehen zu nutzen, sondern übergreifend auch für die Beschleunigung von Ermittlungs-

---

[189] Vgl. The City of New York Mayor Bill de Blasio (Hrsg.) (2019a), S. 11–15.

und Gerichtsverfahren, sodass jegliche Form bürokratischer Prozesse und Verfahren mithilfe einer einheitlichen Datenbasis effizienter gestaltet werden können.[190]

Neben der Wahrung von Sicherheit im öffentlichen Raum steht als weiteres primäres Ziel der Strategie *OneNYC 2050* allen Einwohnern demokratische Teilhabe und weitreichende politische Partizipationsmöglichkeiten zu bieten, um so die zukünftige Konstitution der Metropole selbst zu gestalten.[191] Auch hier ist neben der Anpassung und Optimierung gesetzlicher Rahmenbedingungen, z. B. für die Integration migrierter Einwohner, der Aufbau einer digitalen Infrastruktur zur Ermöglichung der Teilhabe notwendig zur Umsetzung der Strategie.[192] Dem formulierten Ziel zu einer für jeden Einwohner *Connected City* zu werden, soll durch flächendeckenden und kostengünstigen Zugang zum Internet ermöglicht werden. Die Fähigkeiten mit dem Potenzial der digitalen Technologien umzugehen und sie zu nutzen, soll für jeden Einwohner mithilfe von Lernprogrammen, den sogenannten *digital literacy programs,* ermöglicht werden. Zur Durchführung dieser Lernprogramme wurden stadtweit 500 digitale Zentren eingerichtet, in welchen die

---

[190] Vgl. Juniper Research (Hrsg.) (2017), S. 16.

[191] Vgl. The City of New York Mayor Bill de Blasio (Hrsg.) (2019b), S. 5-6.

[192] Vgl. The City of New York Mayor Bill de Blasio (Hrsg.) (2019b), S. 15-16.

Anwohner sowohl Schulungen besuchen können, als auch Zugriff auf verbundene Geräte haben, um die Vorzüge der digital integrierten Stadt nutzen zu können.[193]

Anders als viele andere Smart-City-Projekte und verbundene Initiativen wird in New York bereits während des Ausbaus der digitalen Infrastruktur öffentlich die Sicherheit und der Wert persönlicher Information im Kontext des privaten Konsums adressiert. So evaluiert die Strategie *OneNYC 2050* gemeinsam mit dem *New York City Cyber Command* Möglichkeiten, Konsumenten darüber aufzuklären, welche Daten von ihnen gesammelt werden, welchen Wert diese Daten besitzen und wie diese Daten geschützt werden können. Es wird hierbei hervorgehoben, dass diese Form der Schulung und Sensibilisierung der Einwohner zwar hilfreich ist, aber seine Effektivität nur dann voll entfalten kann, wenn sich die private digitale Ökonomie von der exzessiven Monetarisierung privater Informationen distanziert.[194]

Neben den genannten Aspekten beinhaltet die Strategie ebenfalls die Ziele einer effizienten und intelligenten Energieversorgung, der Bereitstellung nachhaltiger, individueller und digital gestützter Mobilitätskonzepte, der Schaffung eines verlässlichen und

---

[193] Vgl. The City of New York Mayor Bill de Blasio (Hrsg.) (2019c), S. 20.
[194] Vgl. The City of New York Mayor Bill de Blasio (Hrsg.) (2019c), S. 20.

zukunftssicheren Bildungssystems sowie den Aufbau eines stabilen und gerechten Gesundheitssystems. Alle Punkte dieser Strategie integrieren die Nutzung von moderner Informations- und Kommunikationstechnik, um die auferlegten Ziele erreichen zu können.[195]

Das Fallstudieninterview zur Smart City New York eröffnete eine Perspektive auf die Umstände, Implikationen und Besonderheiten des Lebens in der nordamerikanischen Metropole. Neben Themen wie politischer Unsicherheit, der Bekämpfung von Kriminalität mithilfe von KI und das Aufstreben ökologischer Nachhaltigkeit in der Gesellschaft, wurden auch Aspekte wie Moral und Ethik in alltäglichen Konsumentscheidungen, die Nutzung von digitalen Technologien zur Verbesserung der eigenen Bedürfnisbefriedigung oder auch die Veränderung der allgemeinen Konsumentendemografie durch die Verbesserung der medizinischen Versorgung durch moderne Technologie angeführt und beschrieben. Von besonderer Relevanz für die Forschungsfrage waren dabei die folgenden Ausführungen.

Als illustrierendes Beispiel wird zu Beginn anhand der Kriminalitätsbekämpfung in New York City aufgeführt, wie mithilfe künstlich intelligenter Technologien die im Zuge der

---

[195] Vgl. The City of New York Mayor Bill de Blasio (Hrsg.) (2019a), S. 43.

fortschreitenden Urbanisierung entstehenden Herausforderungen bewältigt werden können. So nutze die New Yorker Polizei zur Überwachung, Prognose und Bekämpfung von Straftaten im Stadtgebiet einen auf Big Data basierenden KI-Algorithmus, der es ermöglicht auf Basis von Mustererkennung bestimmte Straftaten vorherzusagen und so präventiv gegen sie vorzugehen. So könne nicht nur die tatsächliche Kriminalitätsrate stark reduziert werden, sondern auch das subjektive Sicherheitsempfinden aller Einwohner gestärkt werden, welches eine wichtige Voraussetzung für die Bereitschaft der aktiven Teilnahme am urbanen Leben und somit jeglicher Form sozialer Interaktionen darstellt.

Eine weitere Erkenntnis besteht darin, dass sich zentrale Aspekte des Konsumentenverhaltens der Einwohner in der Stadt aufgrund ökologischer Aspekte verändern würden. So führe die Digitalisierung dazu, dass erstmals bestimmte ökologisch relevante Parameter quantifizierbar seien und so als vergleichbare Produktmerkmale zur Bewertung von Kaufentscheidungen herangezogen werden könnten, was vorher nicht zwingend möglich war. Mithilfe von Blockchain-Technologie können die im Rahmen des gesamten Beschaffung- und Produktionsprozess anfallenden Kohlenstoffdioxidemissionen quantifiziert und dem fertigen

Erzeugnis zugeschrieben werden. Für umweltbewusste Konsumenten, deren Preisbereitschaft für nachhaltig hergestellte Produkte höher ist, werde dieses neu entstandene, da vorher nicht erfassbare, Produktmerkmal zu einer entscheidungsrelevanten Größe in der Produktbewertung. Nicht nur quantifizierbare Merkmale seien davon betroffen, sondern auch qualitative Merkmale, wie die durch die digital ermöglichte Schaffung und in der Folge von einigen Konsumenten auch geforderte Transparenz über den Produktionsprozess und Rohstoffursprung bestimmter Produkte. Die digitale Erschließung von Informationen, die den Herstellungsprozess betreffen und so z. B. eine Vergleichbarkeit der durch die Unternehmen getroffenen Maßnahmen zur Vermeidung von Menschenrechtsverletzungen herstellen, führe dazu, dass diese qualitativen Merkmale sich als potenzielle Entscheidungsgrößen für bestimmte Kundengruppen etablieren („People know the information is there, they might have educated themselves on any risks that might occur in the supply chain of the specific product and they demand to get that information as part of the product"). Diese Beobachtung sei schon heute möglich und Aspekte der Corporate Social Responsibilty (CSR) bereits für viele ein Entscheidungskriterium. Zukünftig sei denkbar, dass durch digitale Integration weiterer Informationen eine Vielzahl neuer Entscheidungsparameter entsteht und so die Komplexität von Kaufentscheidungsprozessen erhöht wird. Eine sich aus dieser Schaffung von Transparenz ergebende Folge, bestehe in dem nun vorhandenen, deutlich tiefergehenden Wissen über Produkte und ihren Ursprung, der oftmals mit Risiken und negativen Aspekten verbunden sei. So erhöhe dies auf der einen Seite den moralischen Druck auf den Konsumenten selbst, in dem er sich bei einer Kaufentscheidung dem Bewusstsein über diese Aspekte nicht mehr verschließen kann. Auf der anderen Seite entstehe dieser Druck aber auch auf Seite der Unternehmen und es müssten Maßnahmen zur Eindämmung eben dieser Risiken getroffen werden. Ethische Betrachtungen und kritische Reflexionen der eigenen ökonomischen Aktivitäten erhielten so sowohl auf Seiten der Kunden, als auch der Unternehmen mehr Bedeutung.

Als konkretes Beispiel, inwiefern die Digitalisierung Möglichkeiten und Werkzeuge hervorgebracht hat, um die eigenen Bedürfnisse besser erfüllen zu können, wird die Applikation Google Lens vorgestellt. Bei dieser Applikation handelt es sich um eine auf Deep Convolutional Neural Networks basierende Dienstleistung, die es ermöglicht Bildmaterial auf verschiedene Arten zu verarbeiten. So können mithilfe der Smart-Phone-Kamera Texte übersetzt und digital integriert werden oder aber Gegenstände mit der Kamera aufgenommen werden, die dann mit der Datenbasis von Google abgeglichen werden, um zum Beispiel Informationen oder auch Shopping-Möglichkeiten zum dargebotenen Gegenstand zu liefern. So können auch ohne dass Informationen über den Gegenstand bestehen wichtige Merkmale herausgefunden werden, wie zum Beispiel ob dieser im Internet zum Kauf zur Verfügung steht, zu welchem Preis er angeboten wird und von welchem Hersteller er stammt. Diese Funktionen würden einen deutlich verbesserten Kenntnisstand und somit eine fundierte Basis für eine eventuelle Kaufentscheidung liefern oder sogar dazu führen, dass sonst nicht dagewesene Kaufoptionen überhaupt erst entdeckt und erschlossen werden. Die dadurch hervorgebrachten Möglichkeiten zur Produktfindung haben im Gegenzug aber auch Beeinträchtigungen sozialer Interaktionen zur Folge, da die Notwendigkeit das Haus zu verlassen immer geringer werde („People will be at home more often and for longer times, since there is no need to go out [...].")

Des Weiteren begründe Digitalisierung und künstliche Intelligenz erheblichen Fortschritt in der Humanmedizin und der Effektivität des Gesundheitssystems. Künstliche Intelligenzen, die Krebserkrankungen besser als

Onkologen diagnostizieren können oder Algorithmen die genetische Codes entschlüsseln sowie weitere teils technologisch bedingte Entwicklungen würden insgesamt zu einer erheblichen Verlängerung der Lebens- und Gesundheitsspanne führen. Dies trage zur erheblichen Umwälzung der gesellschaftlich-demographischen Struktur bei. Die völlig neue demographische Zusammensetzung der Bevölkerung habe in der Folge auch Auswirkungen auf die Konsumgesellschaft und ihre Konstitution. So könne auf der einen Seite, auch durch die Aufrechterhaltung von Gesundheit und Fitness im hohen Alter, die Nachfrage nach bestimmten Produkten über die Lebensspanne zwar aufrechterhalten und gegebenenfalls auch erhöht werden, auf der anderen Seite gehe das Altern auch mit einer generellen Einstellungsänderung in Bezug auf den Konsum einher und könne so auch gegenläufige Entwicklungen verstärken. Eine Einschätzung zu treffen sei schwer, es stehe jedoch fest, dass solche bedeutsamen Eingriffe in die allgemeine Beschaffenheit einer Gesellschaft weitreichende Veränderungen sowie die Notwendigkeit einer sozialen Reorganisation bedeuten, was sich wiederum auf Facetten des Konsums niederschlüge.

Auch die Produktlandschaft im Allgemeinen verändere sich im Zuge der Digitalisierung drastisch und digitale

Serviceleistungen gewinnen zunehmend an Bedeutung, während andere Märkte quasi komplett obsolet würden: „I mean primarily a lot of products and also services did not exist before, so a whole new market emerged from that, these purely digital solutions. I mean who is going to the cinema today, you can have anything on Netflix and can have your own food as well." So würden ebenfalls komplett neue Bedürfnisstrukturen entstehen, die sich lediglich in der digitalen Sphäre erstrecken und auch nur dort befriedigen lassen. Die Geschwindigkeit der Entwicklung digitaler Lösungen erhöhe die allgemeine Volatilität der etablierten Märkte. Fixiert wird diese Tendenz am Beispiel von Uber, die lediglich über die Bereitstellung einer smarten Plattform, jedoch ohne eine physikalische Innovation hervorzubringen, einen kompletten Sektor in kurzer Zeit verändert haben, indem sie den Prozess zwischen Angebot und Nachfrage innoviert haben, nicht aber das Angebot selbst. Dies könne als allgemeine Tendenz anerkannt werden, denn digitale Lösungen seien dann am erfolgreichsten und erreichen das höchste Disruptionspotenzial, wenn sie die Vermittlung oder das Zusammentreffen von Angebot und Nachfrage optimieren und zum Beispiel über eine digitale Plattform ermöglichen: „We just [...] provide a digital application that makes it easy for the people to organize supply and demand among themselves. So what [...] companies are doing is, looking for supply chains or distribution streams where an intelligent digital solution can cut out the middle man and optimize the distribution of a product or a service. And as technological ability and complexity will further increase the more options there will be to do that, to find ways to cut out certain elements of established supply chains."

Auch wenn das Risiko der gezielten Nutzung persönlicher Daten durch übermächtige Institutionen oder Unternehmen bestünde, sei diese nicht den technologischen Möglichkeiten per se zuzuschreiben, sondern der Form ihrer Gestaltung und letztendlichen Manifestation in tatsächlichen Anwendungen. Daher sei es wichtig die Konstitution digitaler Räume und Prozesse mitzugestalten und diese nicht rein ökonomisch motivierten Entitäten zu überlassen: „[...]Technology is a gateway [...]. And it depends on all the people that use it to make it what it is in the end."

Abschließend mündet die Identifikation und Diskussion all dieser gesellschaftlich relevanten Themengebiete in der Erkenntnis, dass durch die Digitalisierung und digitale Informationsintegration in das Alltagsbewusstsein nahezu aller Menschen ein Komplexitätsgrad entstünde, der nur mithilfe der eben durch diese Entwicklung hervorgebrachten Technologien und Lösungen selbst begegnet werden könne. Unterstützung durch Künstliche Intelligenz in vielen Bereichen sei notwendig um diese Komplexitätsbewältigung, die eine *conditio sine qua non* für die Aufrechterhaltung eines insgesamt fragilen globalen Wirtschafts- und Gesellschaftssystem darstellt, überhaupt zu gewährleisten und das Leben in einer utopischen globalen Sozietät nur so in Aussicht stellen könne.

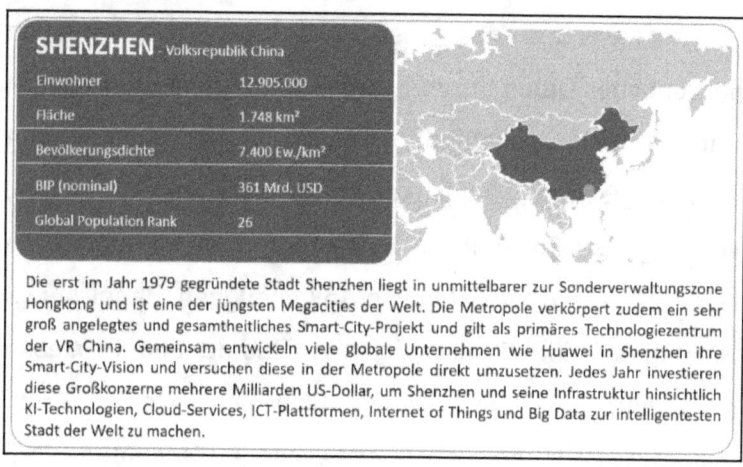

Die erst im Jahr 1979 gegründete Stadt Shenzhen liegt in unmittelbarer zur Sonderverwaltungszone Hongkong und ist eine der jüngsten Megacities der Welt. Die Metropole verkörpert zudem ein sehr groß angelegtes und gesamtheitliches Smart-City-Projekt und gilt als primäres Technologiezentrum der VR China. Gemeinsam entwickeln viele globale Unternehmen wie Huawei in Shenzhen ihre Smart-City-Vision und versuchen diese in der Metropole direkt umzusetzen. Jedes Jahr investieren diese Großkonzerne mehrere Milliarden US-Dollar, um Shenzhen und seine Infrastruktur hinsichtlich KI-Technologien, Cloud-Services, ICT-Plattformen, Internet of Things und Big Data zur intelligentesten Stadt der Welt zu machen.

Abb. 14: Stadtprofil – Smart City Shenzhen

Quelle: Eigene Darstellung in Anlehnung an Shenzhen Government (Hrsg.) (2019), bzw. Asiatimes (Hrsg.) (2019), bzw. China Innovation Funding (Hrsg.) (2019),

Shenzhen, die vierte und somit letzte Fallstudien-Metropole, liegt im Südosten der Volksrepublik China und grenzt im Süden der Stadt direkt an die Sonderverwaltungszone Hong Kong an. Das seit 1953 bestehende Fischerdorf Shenzhen wurde im Jahr 1979 zur

Stadt und gleichsam zur „special economic zone" der Volksrepublik erklärt, mit dem Ziel den wirtschaftlichen Aufschwung Hong Kongs unter fast analogen Bedingungen zu replizieren und sich hierbei des „late mover advantages" zu bedienen, um das wirtschaftliche Wachstum der Sonderverwaltungszone in der Zukunft sogar übertreffen zu können. Die wirtschaftliche Öffnung Shenzhens basierte ähnlich des Industrialisierungsmodells von Shanghai auf der Strategie Deng Xiaopings zur Positionierung der Volksrepublik China in der globalen Ökonomie. Shenzhen ist somit eine der jüngsten Megacities der Welt und konnte innerhalb von weniger als 40 Jahren den Wandel von einem Fischerdorf hin zu einer Metropole mit ca. 12 Millionen Einwohnern vollziehen. Unabhängig von diesem rasanten Bevölkerungswachstum, konnte sich Shenzhen innerhalb Chinas zu einer der wichtigsten Smart Cities entwickeln, die in verschiedenen nationalen sowie auch internationalen Rankings und Evaluationen sogar als die „Smartest City" Chinas deklariert wird. Die Entwicklungsstrategie der chinesischen Regierung für die Metropolregion unterstrich das Ziel Shenzhen innerhalb kürzest möglicher Zeit von einer industriellen urbanen Ökonomie zu einer Wissensökonomie aufstreben zu lassen.

Das Smart City Modell chinesischer Städte

unterscheidet sich von dem europäischer oder anglo-amerikanischer Metropolen insofern, als dass der Fokus klar auf der technologischen Entwicklung und digitalen Informationsintegration liegt und somit weniger auf den weichen Faktoren, wie die Vereinbarkeit oder gegenseitige Befruchtung von technologischem Fortschritt und nachhaltiger urbaner Lebensmodelle. Auf Basis dieser Orientierung ist Shenzhen zur einer bedeutsamen Experimentalzone für Projekte und Technologien aus den Bereichen IOT, 5G, Cloud Computing und künstlicher Intelligenz herangewachsen und ist zudem Hauptsitz der chinesischen digitalen Großkonzerne Huawei und Tencent. Diese und weitere Unternehmen sind für eine Vielzahl durchgeführter Projekte in der Stadt verantwortlich und konnten bereits viele der hier erprobten Lösungen in andere Städte exportieren. Gemäß dieser technologie-fokussierten Orientierung gilt Shenzhen zudem auch als die am meisten digitalisierte Stadt Chinas, in der kaum Transaktionen ohne Smartphone durchgeführt werden und in der zudem der niedrigste Wert an zirkulierendem Barvermögen Chinas gemessen wurde. Neben weiteren Städten wie Tianjin, Hangzhou oder Hefei wurde auch Shenzhen - unterstützt durch das Ministerium für Wissenschaft und Technologie der Volksrepublik - zu einer speziellen Entwicklungszone für künstliche Intelligenz erklärt und eine entsprechende Strategie sowie Maßnahmen zur finanziellen Förderung von Forschungsprojekten verabschiedet (科技部关于支持深圳建设国家新一代人工智能创新发展试验区的函 (*Letter from the Ministry of Science and Technology on Supporting Shenzhen to Build a National New Generation Artificial Intelligence Innovation Development Pilot Zone*)).

Inhaltlich beschäftigen sich die Projekte mit einer Vielzahl an Themen, wie z. B. der Verbesserung der Entsorgungssysteme durch künstliche Intelligenz, die Steigerung der Effizienz im Gesundheitssystem durch datenbasierte Modelle oder aber auch die Verbesserung der Entscheidungsqualität der Einwohner durch Informationsbereitstellung und Informationsaufbereitung, also dem Aufbau einer digitalen Wissens- und Informationsökonomie.

Der ökonomische Erfolg der Stadt sowie ihre schnelle Entwicklung haben die Zentralregierung der Volksrepublik Chinas in Peking im Jahr 2019 dazu bewegt, Shenzhen als Modellstadt und Vorbild für weitere nationale sowie auch internationale Smart-City-Initiativen und Projekte zu erklären. Um den Modellcharakter der Stadt zu wahren und den Erfolg für weitere globale Initiativen sicherzustellen, werden in den nächsten Jahren weiterhin hohe Investitionen in die Weiterentwicklung Shenzhens und ihren

Status als High-Tech-Hauptstadt Chinas getätigt und so die technologische und digitale Integration vorangetrieben.

Im vierten und letzten Fallstudiengespräch stand das Leben in der smarten Metropole Shenzhen im Vordergrund und brachte, neben weiteren Aspekten, Ausführungen zur Rolle großer chinesischer Datenkonzerne in der Gestaltung digitaler Urbanität, der Technologie-Offenheit und -Affinität der Bewohner Shenzhens, dem Zahlverhalten der Konsumenten in Zeiten der Digitalisierung, kulturelle Besonderheiten im Umgang mit Datentransparenz sowie das Aufkommen neuer Währungen hervor.

Shenzhen gilt als bargeldfreie Stadt. Transaktionen werden über Bezahlmethoden wie WeChatPay oder AliPay abgewickelt und sind vollkommen digitalisiert. So haben selbst kleinste Geschäfte mittlerweile diese Form der Bezahlung akzeptiert. Zahlungen über diese Portale seien deutlich komfortabler, hygienischer und schneller abzuwickeln als Bargeldtransaktionen. Dennoch ergäben sich daraus auch negative Folgen, wie z. B. die ausbleibende Anonymität von Geldtransaktionen sowie die damit einhergehende Aufzeichnung transaktionsspezifischer Daten, die wiederum individuellen Kunden zugeordnet werden können. Auch hier wird auf die Relevanz der kundenspezifischen Datenakkumulation und die

Intransparenz über ihre spätere Verwendung hingewiesen. Darüber hinaus habe die Nutzung dieser digitalen Zahlmethoden, vor allem zu Beginn der Nutzung, weitere konsumpsychologisch relevante Effekte. So bemerkte die Versuchsperson, dass bei anfänglicher Nutzung dieser Lösungen mehr Geld ausgegeben worden sei und man Käufen schneller zugestimmt hätte („What I've noticed personally and also with my friends, especially at the beginning of using this way of paying was that you were definitely spending more money"). Eine mögliche Erklärung dafür liefere die mangelnde physikalische Komponente sowie eine subjektiv wahrgenommene geringere Übersicht über die getätigten Ausgaben. Die Bequemlichkeit führe zu weniger Reflexion und kritischer Auseinandersetzung mit den Kaufvorhaben („So for example when I had to pull out my wallet and give the person [...] a 100 Yuan bill, I really noticed the money leaving [...] my possession. And I think we got used to this feeling of letting go of the money with some negativity attached to it [...]. And when I pay digitally this transaction is so quick, I just scan my phone, that it does not really allow [me] to have the time to realize that I have just lost that money"). Nach Einschätzung der Versuchsperson nivelliere sich dieser Effekt aber, wenn man sich an die Nutzung dieser Bezahlmethoden gewöhnt hätte („But interestingly this, at least for me personally, got a lot better the more I got used to pay with WeChat.").

Kulturell bedingt seien für Einwohner Shenzhens und chinesische Konsumenten im Allgemeinen Fragen und Vorbehalte zum Schutz persönlicher Informationen von geringerer Bedeutung als in den von westlichen Werten geprägten Kulturen der etablierten Industrienationen. So sei man in Shenzhen deutlich eher bereit persönliche Informationen preiszugeben und ihre weitere Verwertung und Nutzung nicht in Frage zu stellen oder zu kritisieren. Dies führe im Allgemeinen auch zu einer positiveren Haltung gegenüber neuen technologischen Lösungen und so auch zu einer intensiveren Nutzung in der Bewältigung alltäglicher Herausforderungen („[...] almost everybody who is living here [...] is happy to use the technology to help him with problems or challenges of [their] daily lives"). Eine mögliche Erklärung dafür wird in der erhöhten Solidarität der Einwohner gefunden, die bereit seien zur Verbesserung der Lebensqualität der Solidargemeinschaft den Preis der Offenlegung persönlicher Informationen zu zahlen. In einer kollektivistisch orientierten Kultur sei der subjektiv wahrgenommene Wert individueller Daten geringer als in individualistischen Gesellschaften („A lot of the people also think that this is their way of contributing to strengthen the economy of China in general. [...] It has a lot to do how the Chinese people were raised culturally and politically so they are more willing to pay the price of their personal freedom to achieve some collective objectives"). Auch das Vertrauen in die Regierung sei hier von großer Bedeutung. Viele Chinesen empfänden große Dankbarkeit gegenüber der Regierung, da diese in vergangenen Jahrzenten durch ihre geopolitischen Strategien sehr viele Chinesen aus der Armut befreit und sie am wirtschaftlichen Aufschwung der Nation beteiligt habe. In der Folge sei die Bereitschaft erhöht persönliche Informationen auch dem Staat bereitzustellen, ohne dabei in Frage zu stellen, wofür diese verwendet werden ("People trust the government that this is the right way to go and that the government will, if this strategy is successful, provide a share of this success to the people. [...] There is no other country in the world, [that] helped so many people out of severe poverty"). Die Gründe für diese Tendenz zu mehr Offenheit in Bezug auf die eigenen Daten sei komplex und werde einer simplifizierten Paraphrasierung, wie sie oft zu hören sei, nicht gerecht ("What strikes me there again is, that [it] is paraphrased too much and stated as very simple foolishness or blindness, but [...] I think the reasons behind the differing behaviors is much more sophisticated and complex.")

Hinsichtlich der gezielten Manipulation bzw. der Anwendung sogenannter Hyper-Targeted-Advertisements, sei für die Unternehmen vor allem die Integration und

Verknüpfung kundenspezifischer Daten aus ihren verschiedenen Lebensbereich von Bedeutung, da nur so ein ganzheitliches Bild vom Konsumenten entstehen könne, sodass der Konsument wiederum zielgerichteter verstanden und mit Kommunikationsmaßnahmen erreicht werden kann. Es sei denkbar, dass diese hyperindividualisierte Werbung kundenindividuell geschaltet und durch künstliche Intelligenz generiert werden könne, um sie maximal an den kundenspezifischen Präferenzen zu orientieren („The AI will create a promoting person that appeals to you, with a voice that suits your preference and will highlight aspects of the product that you hold the most important. It will create an advertisement that is there only for you and based on all the calculations has the highest probability to tempt you into buying the products."). Die für solche Modelle notwendige Erhebung von verschiedensten Arten kundenspezifischer Daten werde durch vollumfängliche Applikationen erlangt, wie z. B. WeChat, eine chinesische Smart-Phone-App, die Messenger, Kalender, Bezahlsystem, soziales Netzwerk sowie die Verwaltung von Gesundheitsinformationen und persönlichen Dokumenten verbindet („WeChat [...] is used by almost every Chinese person in so many facets of their daily lives. It is used for shopping, it is the most widely used social media platform, it is a calendar, it is used to order food in restaurants, it is a payment system, it is used to schedule doctor's appointments [...]. So the data that they can get on a user is very diversified, it contains information on shopping behavior, on your circle of friends, on your health constitution, on your food supply and nutrition, on your income. All in one app, all in the hands of one company").

Ferner würden durch die aufstrebenden digitalen Plattformen und sozialen Medien neue Formen von Währungen eingeführt, die sich in ihrer Funktionsweise von monetären Währungen unterscheiden, für den Konsumkontext dennoch von unmittelbarer Relevanz seien. So seien digitale Affirmationen wie Likes und Abonnements von Kanälen letztendlich eine Quantifizierung der Nutzeraufmerksamkeit und erhielten so auch ökonomische Relevanz, da sie vor allem im Bereich des Marketings Bewertungsgrößen darstellen würden. Anbieter von Inhalten würden mit dieser Form von Währung bezahlt, an der sich in der Folge auch monetär bewertete Verträge, wie z. B. Werbeverträge orientieren. So sei es eine Größe zur Abschätzung der Reichweite und stelle aus Sicht des Konsumenten eine gestalterische Komponente dar, mithilfe derer er ökonomischen Einfluss ausübe und den Marktwert digitaler Inhalte mitbestimme ("The amount of money you will be offered by a company that wants you to advertise its products is highly depending on how many subscriptions you have, because they are used as a mediator to evaluate your range of reaching people. So this already has characteristics of a real currency, it is directly linked to [the] economic output of a transaction") Als Preis zahle er auf den ersten Blick nichts, da Likes und Abonnements unlimitiert seien, auf den zweiten Blick würde aber bei willkürlicher Vergabe dieser Währung eine Diffusion der gewünschten Inhalte resultieren und sich so die Nutzererfahrung verschlechtern („So even though you can spend as many likes as you would like, this will come at the cost of diffusing your own user experience and the accuracy of the filtered content"). Es bestünde hier ebenfalls das Risiko, dass durch solche quantifizierbare digitale und ökonomisch berücksichtigte Parameter die Entscheidungsfindung bei Kaufprozessen verkompliziert werden könnte („New forms of currencies [...] that are [..] linked to our affections and behaviors will probably have a psychological impact and will make our decision making processes in the digital landscape even more complex, uncertain or sophisticated.").

Als abschließende Erkenntnis und Implikation der Digitalisierung wird die Polarisierung der Gesellschaft in Befürworter und Gegner angeführt. Eine Entwicklung von solcher Dominanz und Bedeutung für das gesellschaftliche Zusammenleben führe zu erhöhter Emotionalität, auf negativer, als auch auf positiver Seite. So bestünde vor allem bei Skeptikern und Gegnern dieser Entwicklung ein erhöhtes Potenzial der Ausbildung von Angst im Hinblick auf die Zustände, zu welchen sie führen könne. Diese Szenarien reichen von fehlender sozialer Interaktionsfähigkeit der eigenen Kinder bis hin zur Angst vor der totalen Transparenz, Überwachung und Manipulation. Angst als mächtige menschliche Emotion führe im gesellschaftlichen Kontext zu Misstrauen und vermindere sowohl das generelle Auftreten als auch die Tiefe sozialer Interaktionen. Die Prävalenz dieser negativen Emotionen schränke möglicherweise auch die Motivation für Konsumentscheidungen ein oder vermöge die dahinterliegenden Prozesse und Ergebnisse negativ zu beeinflussen.

4. DIGITAL-URBANE ORGANISMEN

Im Rahmen der qualitativen Befragungen der Interviewteilnehmer aus den vier Fallstudiengebieten, konnte eine Vielzahl an möglichen Implikationen und Einflussgrößen der Digitalisierung auf das Leben und die psychologische Konstitution der Bewohner identifiziert werden, von denen einige auch konsumpsychologisch relevante Faktoren tangieren. So hat die Befragung ergeben, das bargeldlose Zahlmethoden, wie sie in den Fallstudiengebieten zur Anwendung kommen, zu erhöhten Konsumausgaben und weniger Achtsamkeit in den Kaufentscheidungen führen können oder dass kognitive Fähigkeiten, wie z. B. das Ermitteln und Vergleichen von Preisen oder Produktmerkmalen in der Folge von Auslagerung bestimmter Komponenten des Kaufentscheidungsprozesses an digitale Assistenten und künstlich intelligente Algorithmen beeinträchtigt werden können, da diese von Menschen nicht mehr durchgeführt werden müssen. Durch die steigende Transparenz über persönliche Daten und Informationen könne sich zudem ein bedeutendes Ausmaß an Reaktanz der Konsumenten ausbilden, da diese sich durch die digitale Integration des alltäglichen Lebens in ihren Freiheitsspielräumen eingeschränkt sehen. Die Verbreitung von Lösungen und das Angebot von Produkten im Sinne der Sharing-Economy könnte zu einer neuen Definition der Bedeutung von Eigentum und Besitz führen und könnte die Wahrnehmung und Nachfrage bisher statusträchtiger Produkte, wie das Automobil, stark verändern. Die Ausweitung des E-Commerce kann nicht nur zur Homogenisierung bzw. Kannibalisierung der vielfältigen urbanen Einkaufkultur führen, sondern beeinträchtigt auch unsere sozialen Interaktionsmechanismen sowie die Art unseres Umgangs und der Verarbeitung bereitgestellter Informationen. Das Überangebot an Information und Kaufoptionen selbst führe entweder zur Notwendigkeit der Emergenz digitaler Assistenten, die uns in der Bewältigung dieser Flut helfen müssen, oder ebenfalls zu erhöhter Reaktanz oder weiteren Folgen der Überforderung unser psychologischen Konstitution.

Die erwartete Profitabilität von Consumer Insights und die auf Big Data Analytics basierende Idee der kundenindividuellen Marketingkommunikation kann eine erhöhte Vulnerabilität und Anfälligkeit für Manipulationen und Beeinflussungsversuchen bedeuten, über deren hintergründige Funktionsmechanismen bei den Konsumenten keine Kenntnis besteht und sich so zu Marionetten des Surveillance-Kapitalismus wandeln ließen. Die ökonomische Ausbeutung mithilfe digitaler Manipulationstechniken sei eine Gefahr für Freiheits- und Persönlichkeitsrechte und gefährde gesellschaftliche Strukturen in ihrem Grundsatz. Eine Vielzahl bereits bestehender kognitiver Verzerrungen und psychologischer Mechanismen könnte durch Big Data Analysen besser verstanden und die daraus entstehenden Steuerungspotenziale im Sinne dieser Exploitation digital erschlossen werden (z. B. Confirmation Bias – „digitale Filterbubble"). Auf der anderen Seite bietet der Zugang zu Wissen über digitale Medien auch das Potenzial der Bewusstmachung solcher Einflüsse und es besteht die Vermutung, dass so ein neues Konsumbewusstsein emergiert sowie die Ausbildung von Coping-Strategien und Resilienz gefördert würde.

Die Erhebung hat ebenfalls die Vermutung hervorgebracht, dass die Nutzung digitaler Technologien die neuroendokrinologische Konstitution von Individuen sowie die ihr zugehörigen Prozesse beeinflusst, indem sie die Funktionsweise des Belohnungssystems, das eng in Verbindung mit Suchterkrankungen und Substanzmissbräuchen steht, verändert und auf digitalen Input ausrichtet. Die sich daraus ergebenden Folgen für Konsum, aber auch nahezu alle anderen Lebensbereiche seien gravierend. Die Wirksamkeit der Entwicklung von

Coping-Strategien zur Wiederherstellung der psychischen Sanität, wie z. B. bewusste sensorische Deprivation wurden thematisiert und könnten zur Stabilisierung der durch die Digitalisierung entstehenden Disruption beitragen.

Die Digitalisierung durchdringt bereits jetzt eine Vielzahl an Lebensbereichen und wird in Zukunft weitere eben dieser erschließen und verändern. So sind die Folgen so divers und weitreichend, dass eine vollumfängliche Betrachtung nicht möglich erscheint. Dennoch ist die folgende Diskussion in vier Unterkapitel aufgeteilt, die jeweils zusammenhängende Erkenntnisse aus der qualitativen Erhebung zu subsumieren versuchen. So sollen neben den psychosozialen Faktoren der Digitalisierung und dem Einfluss technologischer Entwicklungen und Anwendungen auf bestehende kognitive Verzerrungen auch die Konsequenzen der entstehenden Informationsgesellschaft auf das Konsumverhalten sowie die Folgen der Auslagerung von Entscheidungsprozessen an Algorithmen und künstliche Intelligenzen diskutiert werden. Dafür werden die im Rahmen der Fallstudien generierten Ergebnisse in den Kontext der anfangs dargestellten theoretischen Betrachtungen gestellt und diskutiert sowie darauf aufbauend mögliche Hypothesen zur weiteren Forschung vorgeschlagen.

Aus evolutionspsychologischer Perspektive ist die

Entwicklung unseres kognitiven Apparates und auch der Größe des Gehirns zu einem erheblichen Anteil von der Größe und Konstitution der sozialen Gruppierungen abhängig, in welchem sich das Leben der Menschen im Laufe der Evolution abspielte (Social-Brain-Hypothese).[196] Je größer das Kollektiv, desto mehr soziale Informationen mussten verarbeitet werden können und desto größer war auch der Einfluss auf die weitere Gehirnentwicklung. Eine zentrale Aufgabe des kognitiven Apparates war es, sich in sozialen Strukturen zurechtzufinden, die in ihnen auftretenden Herausforderungen zu bestehen und entsprechend ihrer Dynamik zu adaptieren und zu reorganisieren. So lässt sich aus dieser Argumentation ableiten, dass ein Großteil der im heutigen modernen psychologischen Design verankerten Prozesse und Mechanismen, die wir nutzen, um ein Verständnis von der Welt zu erlangen und auch viele Hirnfunktionen auf der Verarbeitung sozialer Informationen basieren. Die natürlichen Kategorien, in denen wir denken und auf deren Basis wir im Allgemeinen handeln sind in der Folge soziale Kategorien. Im Gegensatz zu den sozialen Primaten, die unsere evolutionären Vorfahren darstellen, sind die kognitiven Systeme des Homo Sapiens jedoch fähig auf einer höheren Abstraktionsebene zu funktionieren. Da es

---

[196] Vgl. Dunbar, R. (2009), S. 562.

sich bei der Evolution dieses Systems um einen konservativen Prozess handelt, fußen die neu hervorgegangenen Mechanismen und Prozesse jedoch weiterhin hauptsächlich auf diesen sozialen Kategorien und Mustern.[197]

Diese Hypothese und die aus ihr hervorgehende Brisanz des sozialen Umfeldes hinsichtlich jeglicher Form kognitiver Prozesse, lässt die psychologischen Implikationen der Digitalisierung ebenfalls deutlich bedeutsamer erscheinen. Denn wie die qualitative Befragung ergeben hat, ändert sich durch die Digitalisierung und auch die Emergenz künstlicher Intelligenz unser soziales Umfeld in hohem Maße und dazu sehr schnell. So entsteht neben dem eigentlichen sozialen Umfeld in Form der Familie, Freunde und Kollegen ein weiteres soziales Umfeld um das digitale *alter ego*, welches sich vor allem in Form digitaler Interaktion über soziale Medien und Portale manifestiert. Bereits Carl Gustav Jung hat festgestellt, dass unsere Erfahrungen im sozialen Kontext, vor allem negative Erfahrungen, unsere Persönlichkeit formen.[198] Was passiert nun aber, wenn der Mensch in zwei separierten, zueinander nicht kongruenten, sozialen System agiert? Die Folge kann die Ausbildung

---

[197] Vgl. Peterson, J. B. (2015), https://www.youtube.com/watch?v=9fKZPRAPTlw, ca. Min. 00:30:00
[198] Vgl. Jung, C. G. (1934), S. 293-297.

zweier ebenfalls nicht kongruenter Persönlichkeitsmodelle, bzw. euphemistisch formuliert die Schaffung eines digitalen Avatars sein, der mit der Intensivierung der Reziprozität zur ursprünglichen Persönlichkeit jedoch zur digitalen Persönlichkeit selbst wird. Und dies ist heute bereits beobachtbar. Häufig steht die Repräsentation der digitalen Persönlichkeit, sei es visuell, inhaltlich oder durch veröffentlichte Handlungen, in keinem Verhältnis zur realen Persönlichkeit und ihren Manifestationen in der analogen Welt. Die von Jung beschriebene Spannung zwischen *Selbst* und *Persona* wird um eine dritte Dimension ergänzt. Diese Spannung bzw. Dichotomie der eigenen Persönlichkeitsmodelle könne diverse Folgen haben, die weit über konsumpsychologische Implikationen hinausreichen, diese letztendlich aber ebenfalls betreffen. Nach Jordan Peterson kann diese Diskrepanz zwischen eigentlichem Selbstwert und den Erwartungen an eine digital repräsentierte und verzerrte Persönlichkeit klinische Depression und weitere Psychopathologien hervorbringen.[199]

Aus der Perspektive der Theorie kognitiver Dissonanz nach Leon Festinger[200] würde hier darüber hinaus das Potenzial für das Auftreten eben dieser Dissonanzen bzw.

---

[199] Vgl. Peterson, J. B. (2015), https://www.youtube.com/watch?v=9fKZPRAPT1w, ca. Min. 00:36:00

[200] Vgl. Festinger, L. (1957), S. 1–11.

der kognitive Aufwand, der getätigt werden muss, um sie aufzulösen stark ansteigen, da mit der Schaffung einer digitalen Persönlichkeit eine weitere Dimension hinzukommt, mit der das Handeln abgeglichen werden müsste. Es wären deutlich mehr Metakognitionen notwendig, um Konsistenz zwischen den jeweils divergierenden Persönlichkeitsmerkmalen und -systemen sowie dem tatsächlichen Handeln herzustellen und so die Dissonanzen aufzulösen.

Auch wenn es sich hierbei um Zusammenhänge handelt, die interdisziplinärer Forschung bedürfen und vor allem durch klinische Studien untersucht werden müssen, wäre es auf dieser Basis denkbar konsumentenpsychologische Variablen wie z. B. Kaufbereitschaft, Motivation für Kaufentscheidungen oder Zufriedenheit mit gekauften Produkten zu operationalisieren und in den Zusammenhang mit der durch die Digitalisierung entstehenden kognitiven Belastung sowie die damit einhergehende Veränderung der psychosozialen Faktoren zu stellen und somit quantitativ zu untersuchen.

Die Ergebnisse der Interviewbefragung haben gezeigt, dass digitale Inhalte sowie die Wahl und Methode ihrer Darbietung, sowie die folglich entstehende Interaktion mit diesen Inhalten oder smarten Assistenten, Einfluss auf bestimmte kognitive Verzerrungen haben bzw. diese für einige im Zuge der Digitalisierung entstehenden Entwicklungen von Bedeutung sind. Als erste Verzerrung wird im Rahmen der Interviews die Bestätigungstendenz referenziert. Die Bestätigungstendenz bzw. der Confirmation Bias ist eine kognitive Verzerrung, die dafür sorgt, dass Informationen in der Regel so ausgewählt werden, dass sie bereits bestehende Einstellungen und Erwartungen bestätigen.[201] So ist die Filterbubble eine Entsprechung dieser kognitiven Verzerrung in der digitalen Welt. Basierend auf über den Konsumenten generierten Daten über seine Haltungen und Einstellungen, werden künstliche Intelligenzen auch in Zukunft immer mehr Informationen für den Konsumenten bereitstellen, die mit ihm resonieren, da diese ihm ein Gefühl der Bestätigung und einer sicheren Zone geben. Darüber hinaus kann diese durch KI und Nutzereinsichten erzeugte Filterbubble dahingehend genutzt werden, dem Konsumenten dabei zu helfen, getätigte Kaufentscheidungen im Nachhinein durch die Bereitstellung und Präsentation affirmierender Inhalte (vor sich selbst) zu rechtfertigen. Diese digitale Manifestation und Amplifikation des Confirmation Bias stellt im Sinne der Philosophie von Karl Popper eine Gefahr

---

[201] Vgl. Knauff, M. / Knoblich, G. (2016), 562-563.

dar, denn der Mensch könne sich nur weiterentwickeln und Lernen, wenn er gezielt Informationen suche und konfrontiere, die seinen bestehenden Ansichten und Einstellungen entgegen stehen. Analog postuliert er diesen Gedanken auch in seiner Theorie zur Erprobung wissenschaftlicher Theorien und Hypothesen.[202]

Eine weitere Verzerrung steht im Zusammenhang mit der Sunk-Cost-Fallacy, also dem Effekt, dass wenn in ein Vorhaben bereits Investitionen in Form von Zeit, Mühe oder Geld geflossen sind, ein Abbruch mit steigenden Kosten unwahrscheinlicher wird, obwohl das Ergebnis wirtschaftlich oder in subjektiver Betrachtung des Konsumenten eigentlich schlechter ist als die Summe der bisher getätigten Investitionen.[203] Dieser Effekt kann zum Beispiel auch auftreten, wenn ein Konsument sich intensiv mit der Suche nach einem Produkt oder dem Vergleich verschiedener Produktalternativen beschäftigt. Die Mühe und Zeit, die in dieses Vorhaben investiert wurden, erhöhen die Wahrscheinlichkeit, dass es auch zum Kauf zumindest einer der Alternativen kommt. Wenn künstliche Intelligenzen diese Mühe abnehmen würden und der Konsument den Kauf ohne jegliche Anstrengungen nur noch bestätigen oder gar nicht selbst durchführen, könnte

---

[202] Vgl. Popper, K. (2002), S. 66-69.
[203] Vgl. Fetchenhauer, D. (2017), S. 386.

es ggf. zu keinem Kauf kommen, wohingegen es bei eigener Investition von Mühen in Form z. B. des Produktvergleichs zu einer Kaufentscheidung gekommen wäre. Damit einhergehend könnten diese getätigten Investitionen in Form von Informationsbeschaffung auch die Zufriedenheit mit dem Produkt beeinflussen und ein Produkt, welches eine KI vorgeschlagen hat, anstatt sich selbst mit bestehenden Optionen zu beschäftigen, schlechter bewertet werden.

Yuval Noah Harari hat, wie im Vorangegangen bereits dargestellt, beschrieben, dass KI in Zukunft auf Basis des Feedbacks, welches wir ihnen geben, nicht nur unsere Entscheidungen prognostizieren können, sondern auch ein Verständnis (hier ist kein bewusstes Verständnis gemeint, sondern eher Mustererkennung durch Deep Learning Neural Networks) für unsere Stimmungen und Gefühle oder sogar unser emotionale Beschaffenheit im Allgemeinen erlangen können. Ausgehend von diesem Verständnis, werden KI auch dazu in der Lage sein durch die Präsentation bestimmter Daten, z. B. in Form von Bildern oder Melodien, die speziell auf den individuellen Konsumenten zugeschnitten sind, bestimmte Gefühlszustände zu evozieren, die Kaufentscheidungen begünstigen. So sei im heutigen Konsumkontext die Evokation positiver Affekte oder Stimmungen nur dann für eine Kaufentscheidung begünstigend, wenn diese nicht durchschaubar wären und sich dadurch keine Reaktanz ausbilden würde.[204] Dieses Risiko kann die KI vermeiden, denn sie kennt den Konsumenten und seine emotionalen Reaktionen so gut, dass sie in der Beeinflussung nicht durchschaubar wird und Reaktanz so verhindert, gleichzeitig aber eine Kaufentscheidung begünstigt werden kann. Dies ließe sich ebenfalls im Rahmen weiterer Forschung untersuchen.

Durch die Erlangung der technischen Möglichkeit mithilfe von KI digitale Persönlichkeiten durch sogenannte Deepfakes zu erstellen, erlangt die Beeinflussung durch das Hyper-Targeted-Advertisement weitreichende Möglichkeiten. So sind in der Konsumentenpsychologie Effekte der Personenwahrnehmung bekannt, wie z. B. dass wir Personen sympathischer und vertrauenswürdiger finden, die uns selbst optisch sowie hinsichtlich der Einstellungsmerkmale ähnlich sind. Aus unser Sicht physisch attraktivere Personen wirken überzeugender als nicht attraktive Personen.[205] Wenn künstlich intelligente Algorithmen durch das jahrelang generierte Feedback ziemlich präzise einschätzen können wie wir selbst aussehen und welche Einstellungen bei uns prävalent sind

---

[204] Vgl. Felser, G. (2016), S. 137.
[205] Vgl. Felser, G. (2016), S. 213–214.

oder wissen welche Merkmale kundenindividuell als attraktiv wahrgenommen werden und zudem die technologische Möglichkeit haben mit Deepfakes solche Charaktere in die Bewerbung von Produkten für den individuellen Kunden einzubauen, dann könnte dies eine erhebliche Beeinflussung ermöglichen. Eine Untersuchung könnte aber erst dann mit ausreichender Reliabilität durchgeführt werden, wenn die Technologien den entsprechenden Reifegrad erlangen.

Die Digitalisierung verändert den Zugang und den Umgang mit Informationen sowohl auf Seite der Konsumenten, als auch auf Seiten der Unternehmen, die auf Basis erhobener Informationen wichtige strategische Entscheidungen treffen und aus ihnen Prognosen ableiten. Ein besonders interessanter Aspekt der Veränderung der Informationslandschaft und ihrer Folgen, wurde im Fallstudiengespräch zur Smart City Shenzhen angesprochen. Unabhängig davon, dass Shenzhen als bargeldlose Stadt gilt und digitale Zahlmethoden weit verbreitet sind und dadurch eine große Menge an Informationen über Konsumenten und Konsumverhalten im Allgemeinen deriviert werden können, scheint in eben dieser digitalen Informationslandschaft auch die Emergenz neuer Formen von Währungen ermöglicht zu werden. Diese neuen Währungen sind nicht pekuniärer Natur, sondern sind Quantifikationen affirmativer Parameter der Konsumenten, wie z. B. Aufmerksamkeit. Die Affirmation für bestimmte Inhalte wird hier durch den Konsumenten nicht direkt monetär kompensiert, da die Nutzung vieler Plattformen nicht kostenpflichtig ist, sondern über eine solche Metawährung ökonomisch validiert. Der Nutzer bezahlt mit einer scheinbar nicht limitierten Ressource, wie z. B. einem Abonnement für einen Kanal. An der Akkumulation und Auswertung dieser Parameter wird dann durch den Betreiber der Plattform die finanzielle Kompensation orientiert. Die Finanzierungsmodelle und die Besonderheit, dass die Nutzung vieler Dienstleistungen im Internet zunächst kostenfrei sind, haben also die Notwendigkeit zur Ausbildung solcher neuen Währungen hervorgebracht. Aus konsumentenpsychologischer Sicht erscheint es nun von besonderem Interesse zu ermitteln, inwiefern bereits untersuchte Mechanismen in der Geld- und Preispsychologie auch in der Sphäre dieser Form von Währungen bestehen. So könnte hier denkbar sein, Untersuchungen zur Preissensibilität oder auch motivationaler Aspekte der Preisbereitschaft zu operationalisieren und zu erforschen.[206]

Auf der anderen Seite haben einige Stellungnahmen

---

[206] Vgl. Felser, G. (2016), S. 388-400.

zum Thema Zugang zu Informationen im Rahmen der Interviews auch andere vermutete Implikationen hervorgebracht. Eine davon bezog sich auf die Nutzung der insgesamt durch die Digitalisierung generierten Informationen und der daraus resultierenden Transparenz über viele, auch in der Wirtschaft stattfindende, Prozesse. Daraus ergeben sich viele direkte Folgen und vermutlich weitere indirekte Folgen. Es scheint klar, dass Unternehmen die entstehenden Informationen über die psychologische Konstitution ihrer Konsumenten dazu nutzen, ihre Produkte gezielter zu vermarkten oder diese auch hinsichtlich der Konsumenteninteressen zu verbessern. Jedoch erhält auch der Konsument durch den Zugang zu viel Informationen, Einsichten über das anbietende Unternehmen, z. B. welche Mechanismen zur Vermeidung ökologischer Schäden oder Menschenrechtsverletzungen getroffen werden. So kann der Kunde solche, für ihn relevante sekundäre Produktmerkmale viel besser bewerten als früher und seine Kaufentscheidung daran ausrichten. Dies sind direkte konsumpsychologische Implikationen auf der Mikroebene, die sich auch aktuell gesellschaftlich und im Konsumkontext manifestieren und den Druck auf Unternehmen erhöhen, soziale Verantwortung zu übernehmen. Diese Tendenzen stehen im Zusammenhang mit der durch die Digitalisierung entstandenen Informations- und Transparenzgesellschaft. Auf der Makroebene könnte dies jedoch zu noch gravierenderen Entwicklungen führen. So wurde die Vermutung geäußert, dass das verfügbare Wissen über wirtschaftliche Zusammenhänge, Produktionsverfahren von Unternehmen und alle damit in Verbindung stehenden moralisch fragwürdigen Aktivitäten, ein neues Konsumbewusstsein für eine breite Kundengruppe hervorbringt, in welchem Nachhaltigkeit, die Befriedigung zentraler und reflektierter Bedürfnisse eine höhere Bedeutung zugemessen wird, als einer hedonistischen und selbstbefriedenden Konsummotivation. Auch diese Form eines neuen Konsumbewusstseins könnte quantitativ untersucht werden, auch wenn die Extrapolation der auf die Digitalisierung bezogenen Einflussfaktoren nicht einfach sein dürfte.

Der Zugang zu Informationen bzw. zu einer solchen Vielfalt digitaler Inhalte kann jedoch auch zu einer Überforderung und Überflutung der Nutzer führen. Alle Teilnehmer der Studie haben angesprochen, dass das Überangebot von Informationen sie oder Menschen in ihrer Umgebung überfordere und in gewisser Hinsicht eine Belastung darstelle, der man zum Beispiel mit bewussten Gegenmaßnahmen wie sensorischer Deprivation,

Meditation oder Achtsamkeitstraining entgegentreten könnte. Interessant wäre hier eine Untersuchung, die diese Form der digitalen und informationalen Überforderung operationalisiert und ihre Auswirkung auf konsumverhaltensrelevante Parameter, wie z. B. allgemeine Kaufmotivation, Preisbereitschaft, durchschnittliche monatliche Konsumausgaben statistisch prüft. In diesem Zuge könnte zum Beispiel mithilfe von evozierten Mindsets die Auswirkung situativ wirkender informationaler Überforderung auf folgende Kaufentscheidungen untersucht werden und ggf. in der Folge auch in einen Zusammenhang mit der Verwendung der vorgeschlagenen Coping-Mechanismen gestellt werden. Eine solche Untersuchung könnte die Bedeutsamkeit dieser Strategien für die Stabilität bestehender psychologischer und kognitiver Mechanismen im Kontext des Konsums erforschen.

Ein wesentlicher Punkt, der auch in der theoretischen Herleitung und Beschreibung künstlich intelligenter Systeme und ihrer Funktionsweise bereits deutlich wurde, ist, dass solche Systeme in bereits heute in der Lage sind, bestimmte Teilaspekte von Entscheidungsprozessen, oder für sie relevante Präkursoren, durchzuführen. Teilweise können sie dies in effizienterem Maße als Menschen. Durch die Lern- und Adaptionsfähigkeit der Algorithmen werden mehr Anwendungsfälle entstehen, in welchen diese Systeme menschliches Entscheidungsverhalten übernehmen. So werden heute bereits präselektive Informationsverarbeitungsprozesse, z. B. durch Recommendation Engines, durch KI übernommen, z. B. in dem Produktinformationen und -merkmale mit einer bestehenden Consumer Insight abgeglichen werden und so transitive Systeme zur Überbrückung der digitalen und analogen Sphäre gebildet werden. In Zukunft können künstlich intelligente digitale Assistenten weitere Teilschritte des Kaufentscheidungsprozesses übernehmen, z. B. in dem sie die Werbung wahrnehmen, kontextualisieren und auf Basis dessen Preise mit Algorithmen auf der Verkäuferseite verhandeln. Diese Entwicklung wird oft damit in Analogie gestellt, dass durch die Automatisierung in der industriellen Revolution, die Notwendigkeit der Aufbringung menschlicher physischer Arbeitskraft durch mechanische Entsprechungen wie die Dampfmaschine ersetzt wurde. Die physische Arbeitskraft wurde an artifizielle Entitäten ausgelagert. Dafür wurden menschliche Ressourcen frei, die sich nun der Kontemplation oder Entwicklung neuer Innovationen widmen konnten. Und eben dadurch steht die Menschheit heute wieder vor der Auslagerung, diesmal einiger seiner zentralen kognitiven Fähigkeiten an künstliche und von ihm geschaffene Systeme. Wenn den Menschen nun noch das Denken genommen wird, stellt sich die Frage was ihm dann noch bleibt. Doch handelt es sich dabei mehr um eine philosophische, denn eine psychologische Frage. Die aus psychologischer Perspektive zu stellende Frage ist, welche Auswirkungen diese Auslagerung kognitiver Prozesse, zentraler Entscheidungsmechanismen letztendlich auf unser psychologisches Design haben kann und inwiefern sich diese hochkomplexe, über Jahrmillionen fortentwickelte Konstitution im Kontext dieser Entwicklungen als adaptionsfähig erweist.

Das Potenzial für weitere Forschung erscheint in Bezug auf diese Fragestellungen nahezu unlimitiert und verlangt darüber hinaus natürlich, analog zu den in Kapitel 4.2 aufgeführten Fragen, interdisziplinäre Anstrengungen. Viele dieser Fragen ließen sich auch erst dann untersuchen, wenn die Entwicklungen im Bereich der KI an einem Punkt sind, an dem eine ausreichend große Gruppe an Personen für bestimmte Bereiche tatsächlich erkennbar vorher zentrale kognitive Fähigkeiten an solche Systeme vollständig und nicht nur vereinzelt auslagert. Nichtsdestotrotz könnte die hervorgebrachte Hypothese im konsumpsychologischen Kontext zum Beispiel zu Untersuchungen der Auswirkung von Recommendation

Engines auf Konsumentscheidungen und mit dem Kauf assoziierter Parameter durchgeführt werden. So ist es denkbar an Versuchspersonen unterschiedliche Komplexitätsstufen dieser KI-Systeme zu testen und zum Beispiel die Zufriedenheit mit einem Kauf basierend auf den der KI über den Konsumenten vorliegenden Daten in Zusammenhang zu stellen. So könnte die Frage beantwortet werden, ob digitale Assistenten in Kombination mit tiefgehender kundenindividueller Information letztendlich die Kaufzufriedenheit oder andere affirmative Variablen im Kontext von Kaufentscheidungen auch wirklich verbessern können.

.

5. THE BOTTOM LINE

Nach Einschätzung des verstorbenen visionären Astrophysikers und Kosmologen Stephen Hawking wird die

Emergenz künstlicher Intelligenzen und ihr zuzuordnender Systeme entweder das Beste oder das Schlimmste sein, was der Menschheit in der Zukunft passieren könnte.[207]

Die Debatte über künstliche Intelligenz ist auf einem Höhepunkt. Viele der dystopischen Szenarien, die von Philosophen, Biologen, Physikern und Wissenschaftlern aller Art skizziert werden, werden entkräftet, da es keinen Anhaltspunkt zu geben scheint, dass KI in naher Zukunft eine Form des menschenähnlichen Bewusstseins ausbildet. Dennoch gewähren die einzelnen Anwendungs- und Forschungsgebiete der KI-Technologien einen Einblick darin, welches Veränderungspotenzial der Einsatz solcher Lösungen mit sich führt. Und dieses Potenzial sowie die Präzision der Technologien, die in einigen Bereichen weit über menschliche Fähigkeiten hinausgehen, kommen auch ohne ein artifizielles Bewusstsein aus.

Die KI-Forschung hat in den vergangenen Jahren vor allem eine Renaissance erfahren, weil es den großen Konzernen gelungen ist, sehr große Mengen an Daten zu generieren und zu speichern sowie diese zweckgebunden, selbstoptimierend und lernfähig zu verwerten. Der Nachdruck, der in diesen Forschungsgebieten spürbar ist und durch hohe Investitionen aus der Industrie intensiviert

---

[207] Vgl. The Guardian (Hrsg.) (2016), https://www.theguardian.com/science/2016/oct/19/stephen-hawking-ai-best-or-worst-thing-for-humanity-cambridge.

wird, fußt auf einem sehr hohen Nutzen- und Renditeversprechen, welches die großen Unternehmen der Datenindustrie mithilfe von KI zu realisieren versuchen. Dies hängt primär mit der Möglichkeit zur Kontrolle und Steuerung von Waren- und Kapitalströmen, sowie der Steigerung prozessualer Effizienz und Präzision und somit letztendlich zusammengefasst mit der Agglomeration wirtschaftlicher, politischer und gesellschaftlicher Macht zusammen. Diese Agglomerationstendenz lässt sich auch anhand der vielen Unternehmenskäufe im digitalen Start-Up-Bereich durch die besagten Großkonzerne belegen.

In dieser qualitativen und explorativen Studie sollte die Frage beantwortet werden, welche möglichen Einflüsse künstlich intelligente Technologien und die Exposition mit diesen Systemen in Smart Cities auf ihre Einwohner haben können. Dafür wurden vier Interviews mit sehr interessanten Gesprächspartnern geführt, die alle eine besondere Perspektive auf diese so wichtig erscheinende Entwicklung und Fragestellung sowie ihre Folgen eröffnen konnten. Nachdem im ersten Teil der Arbeit die theoretischen Hintergründe zur Funktionsweise künstlich intelligenter Technologien und dem daraus resultierenden Disruptionspotenzial behandelt wurden sowie im Anschluss ein Verständnis für das physikalische und psychologische Raumsystem der Smart City geschaffen wurde, folgte die Erläuterung der methodologischen Vorgehensweise zur Extrapolation der konsumentenpsychologischen Implikationen. Im dritten Kapitel wurden die Ergebnisse vorgestellt, die im Rahmen der Fallstudien und sehr spannenden und tiefgründigen Befragungen generiert wurden. Die Vielfalt der Ergebnisse, die in den Interviews spürbare Emotionalität und atmosphärisch wahrnehmbare Bedeutsamkeit der Thematik sowie die inhaltliche Relevanz der besprochenen Themen für die gesamtgesellschaftliche Entwicklung erweitern den wissenschaftlichen Wert dieser Arbeit um einen hohen persönlichen, auch emotionalen, Wert für den Verfasser, sodass an dieser Stelle ein großer Dank an die Interviewteilnehmer ausgesprochen werden soll.

Die Ergebnisse sind ebenso spannend wie vielseitig, obschon sie nicht alle in einen direkten Zusammenhang mit explizit konsumpsychologischen Komponenten gebracht werden können, da sich ihre Auswirkungen meist nicht auf diesen Teilaspekt der Summe aller Lebensbereiche beschränken, sondern das Leben auch in seinen Grundfesten verändern zu vermögen. Was die Exposition mit digitalen Assistenten für unser neuroendokrinologisches System, also einem fundamentalen Teil unser neurophysiologischen Konstitution, bedeuten kann oder wie sich unsere kognitiven Fähigkeiten verändern, wenn wir auf sie nicht mehr angewiesen sind, sind Beispiele dafür, wie bedeutsam die diskutierten Veränderungen für die Gesellschaft sein können. So erscheint es fast anmaßend diese im Angesicht ihrer Brisanz zum aktuellen Zeitpunkt in den Kontext des Konsums zu stellen, jedoch ist offensichtlich, dass die Tragweite dieser Entwicklungen auch erhebliche Auswirkungen auf das Konsumverhalten zur Folge haben wird. Hierfür wurden im Rahmen der Diskussion Ansätze und Anregungen für potenzielle weitere Forschung gegeben.

Wichtig, um ein solch technologisches Potenzial, wie es durch KI in diesem Bereich eröffnet wird, nachhaltig und zum Wohle einer Gesellschaft zu realisieren und umzusetzen, ist es, den öffentlichen Diskussionsraum vor einer solchen Debatte nicht zu verschließen, auch wenn diese Diskussion vielleicht nicht zwingend im Interesse der profitierenden Konzerne ist. Ein solcher Wandel ist mit vielen Folgen verbunden und sollte nicht allein aus dem Sillicon Valley heraus diktiert und oktroyiert werden, sondern in Form einer gesellschaftlichen Debatte aktiv mitgestaltet werden

Die eingangs angeführte von Hawking beschworene Dichotomie hinsichtlich der weiteren Entwicklung künstlicher Intelligenz ist auch in den Ergebnissen dieser

Arbeit spürbar. Es ist deutlich geworden, dass viele in der Technologie ein enormes Potenzial der Verbesserung der Lebensqualität sehen, z. B. auch in Form von Verbesserung und Erleichterung von Kaufentscheidungsprozessen oder aber auch durch die Ermöglichung eines insgesamt bewussteren und nachhaltigeren Konsumverhaltens. Auf der anderen Seite wird das Potenzial ebenso anerkannt, dass rein ökonomische und machtpolitische Interessen diese Technologien als Werkzeug zur Schaffung totalitärer und intimitätsgefährdender Strukturen auf einer globalen Ebene missbraucht werden könne. Ob diese Entwicklung letztendlich zu einer utopischen oder dystopischen Gesellschaft oder einem Kompromiss dazwischen führt, hängt in hohem Maße von der Integration ethischer und moralischer Auseinandersetzungen entlang dieser sozialen Innovation und letztendlich vom Umgang, der Nutzung und der gestalterischen Partizipation jedes Einzelnen ab.

LITERATUR

Konventionelle Quellen.

Aggarwal, C. C. (2018): Neural Networks and Deep Learning, o. O.

Ahmad, A.-R. u. a. (2008): An Intelligent Expert Systems' Approach to Layout Decision Analysis and Design under Uncertainty, in: Phillips-Wren, G. / Ichalkaranje, N. (Hrsg.), Intelligent Decision Making: An AI-Based Approach, Berlin / Heidelberg, S. 321-364.

Andrushevich, A. u. a. (2016): Intelligentes Leben in der Stadt der Zukunft, in: Meier, A. / Portmann, E. (Hrsg.), Smart City – Strategie, Governance und Projekte, Wiesbaden, S. 153-165.

Anttiroiko, A.-V. (2015): Smart Cities: Building Platforms for Innovative Local Economic Restructuring, in: Rodríguez-Bolívar, M. P. (Hrsg.), Transforming City Governments for Successful Smart Cities, Heidelberg u. a., S. 23-42.

Araya, D. (2018): Augmented Intelligence: Smart Systems and the Future of Work and Learning, New York u. a.

Baccarne, B. / Mechant, P. / Schuurman, D. (2014): Empowered Cities? An Analysis of the Structure and Generated Value of the Smart City Ghent, in: Dameri, R. P. / Rosenthal-Sabroux, C. (Hrsg.), Smart City - How to Create Public and Economic Value with High Technology in Urban Space, Cham u. a., S. 157-182.

Belk, R. (2010): Sharing, in: Journal of Consumer Research, Ausgabe 36, H. 5, S. 715-734.

Belk, R. (2013): Extended Self in a Digital World, in: Journal of Consumer Research, Ausgabe 40, H. 3, S. 477-500.

Berliner Senatsverwaltung für Stadtentwicklung und Umwelt (Hrsg.) (2015): Smart City-Strategie Berlin, Berlin.

Bhatnagar, J. R. (2020): A Framework of Learning and Communication with IoT-Enabled Ecosystems, in: Peng, S.-L. / Pal, S. / Huang, L. (Hrsg.), Principles of Internet of Things (IoT) Ecosystem: Insight Paradigm, Cham, S. 35-66.

Bostrom, N. (2014): Superintelligence – Paths, Dangers, Strategies, Oxford.

Breuer, F. (2010): Wissenschaftstheoretische Grundlagen qualitativer Methodik in der Psychologie, in: Mey, G. / Mruck, K. (Hrsg.), Handbuch Qualitative Forschung in der Psychologie, Wiesbaden, S. 35-49.

Brüsemeister, T. (2008): Qualitative Forschung, 2. Auflage, Wiesbaden.

Budde, P. (2014): Smart Cities of Tomorrow, in: Rassia, S. T. / Pardalos, P. M. (Hrsg.), Cities for Smart Environmental and Energy Futures – Impacts on Architecture and Technology, Berlin / Heidelberg, S. 9-20.

Bünte, C. (2018): Künstliche Intelligenz – die Zukunft des Marketing: Ein praktischer Leitfaden für Marketing-Manager, Wiesbaden.

Busso, M. / Gregory, J. / Kline, P. (2013): Assessing the Incidence and Efficiency of a Prominent Place Based Policy, in: American Economic Review, Ausgabe 103, H. 2, S. 897-947.

Buxmann, P. / Schmidt, H. (2019): Grundlagen der Künstlichen Intelligenz und des maschinellen Lernens, in: Buxmann, P. / Schmidt, H. (Hrsg.), Künstliche Intelligenz – Mit Algorithmen zum wirtschaftlichen Erfolg, Berlin, S. 3-19.

Buxmann, P. / Schmidt, H. (2019a): Ökonomische Effekte der Künstlichen Intelligenz, in: Buxmann, P. / Schmidt, H. (Hrsg.), Künstliche Intelligenz – Mit Algorithmen zum wirtschaftlichen Erfolg, Berlin, S. 21-37.

Byung-Chul, H. (2015): Transparenzgesellschaft, Berlin.

Cai, J. u. a. (2011): Urban Agriculture development in Minhang, Shanghai, in: Urban Agriculture Magazine, H. 25, S. 60-62.

Caragliu, A. / Del Bo, C. / Nijkamp, P. (2011): Smart Cities in Europe, in: Journal of Urban Technology, Ausgabe 18, H. 2, S. 65-82.

Cattell, R. B. (1971): Intelligence: Its Structure, Growth and Action, North-Holland u. a.

Chan, A. L. / Der, S. Z. / Nasrabadi, N. M. (2002): Neural-Based Target Detectors for Multiband Infrared Imagery, in: Image Recognition and Classification – Algorithms, Systems and Applications, Basel, S. 1-34.

Chander, B. / Kumaravelan, G. (2020): Internet of Things: Foundation, in: Peng, S.-L. / Pal, S. / Huang, L. (Hrsg.), Principles of Internet of Things (IoT) Ecosystem: Insight Paradigm, Cham, S. 3-34.

Chaudhuri, A. (2019): Internet of Things, for Things and by Things, Boca Raton.

Che, W. / Zhang, Y. (2018): Deep Learning in Lexical Analysis and Parsing, in: Deng, L. / Liu, Y. (Hrsg.), Deep Learning in Natural Language Processing, Singapur, S. 79-116.

Codagnone, C. u. a. (2018): Platform Economics – Rhetoric and Reality in the "Sharing Economy", Bingley.

Contractor, D. / Telang, A. (2017): Introduction to Applications of Cognitive Computing System and IMB Watson, in: Contractor, D. / Telang, A. (Hrsg.) Applications of Cognitive Computing System and IMB Watson, Singapur, S. 1-8.

Crone, S. F. (2010): Neuronale Netze zur Prognose und Disposition im Handel, Wiesbaden.

Cruz, I. / Ganga, R. / Wahlen, S. (2018): Contemporary collaborative consumption: An introduction, in: Cruz, I. / Ganga, R. / Wahlen, S. (Hrsg.), Contemporary Collaborative Consumption – Trust and Reciprocity Revisited, Wiesbaden, S. 1-16.

Dafoe, A. (2018): AI Governance: A Research Agenda, Oxford.

Dameri, R. P. (2013): Searching for Smart City definition: a comprehensive proposal, in: International Journal of Computers & Technology, Ausgabe 11, H. 5, S. 2544-2551.

Dameri, R. P. (2017): Smart City Implementation – Creating Economic and Public Value in Innoative Urban Systems, Cham.

Dameri, R. P. / Ricciardi, F. (2017): Leveraging Smart City Projects for Benefitting Citizens: The Role of ICTs, in: Rassia, S. T. / Pardalos, P. M. (Hrsg.), Smart City Networks Through the Internet of Things, Cham, S. 111-129.

Deloitte (Hrsg.) (2015): Smart Cities - Big Data, o. O.

Deloitte Global / Deloitte China (Hrsg.) (2018): Super Smart City – Happier Society with Higher Quality, o. O.

Deng, L. / Liu, Y. (2018): A Joint Introduction to Natural Language Processing and to Deep Learning, in: Deng, L. / Liu, Y. (Hrsg.), Deep Learning in Natural Language Processing, Singapur, S. 1-22.

Dittmar, N. (2009): Transkription – Ein Leitfaden mit Aufgaben für Studenten, Forscher und Laien, 3. Auflage, Wiesbaden.

Döring, N. / Bortz, J. (2016): Forschungsmethoden und Evaluation in den Sozial- und Humanwissenschaften, 5. Auflage, Berlin / Heidelberg.

Dörner, D. (1979): Problemlösen als Informationsverarbeitung, 2. Auflage, Stuttgart.

Dresing, T. / Pehl, T. (2010): Transkription, in: Mey, G. / Mruck, K. (Hrsg.), Handbuch Qualitative Forschung in der Psychologie, Wiesbaden, S. 723-733.

Du, J. (2020): The Shenzhen Experiment – The Story of China's Instant City, Cambridge u. a.

Dunbar, R. I. M. (2009): The Social Brain Hypothesis and its Implications on Social Evolution, in: Annals of Human Biology, Ausgabe 36, H. 5, S. 562-572.

Dykes, J. u. a. (2010): Editorial on Geo Visualization and the Digital City, in: Computers, Environment and Urban Systems, Ausgabe 34, H. 6, S. 443-451.

Ejaz, W. / Anpalagan, A. (2019): Internet of Things for Smart Cities – Technologies, Big Data and Security, Cham.

Elliott, A. (2019): May AI be with you, in: Topos, H. 107, S. 84-87.

Euler, S. (2006): Grundkurs Spracherkennung – Vom Sprachsignal zum Dialog – Grundlagen und Anwendung verstehen – Mit praktischen Übungen, Wiesbaden.

European Commission Delegation of the European Union to China (Hrsg.) (2018): Improving EU Access to National and Regional Financial Incentives for Innovation in China – Second Ad Hoc Study – China's "1+N" funding Strategy for Artificial Intelligence, Epsom.

Festinger, L. (1957): A Theory of Cognitive Dissonance, Stanford.

Felser, G. (2016): Werbe- und Konsumentenpsychologie, 4.

Auflage, Berlin / Heidelberg.

Fetchenhauer, D. (2017): Psychologie, 2. Auflage, München.

Firoz, C. M. / Vinod Kumar, T. M. (2017): Transforming Economy of Calicut to Smart Economy, in: Vinod Kumar, T. M. (Hrsg.), Smart Economy in Smart Cities – International Collaborative Research: Ottawa, St. Louis, Stuttgart, Bologna, Cape Town, Nairobi, Dakar, Lagos, New Delhi, Varansi, Vijayawada, Kozhikode, Hong Kong, Singapore, S. 331-358.

Flügge, B. (2016): Einführung, in: Flügge, B. (Hrsg.), Smart Mobility – Trends, Konzepte, Best Practices für die intelligente Mobilität, Wiesbaden, S. 1-4.

Flügge, B. / Pfriemer, H. (2016): Das Smart Mobility-Ökosystem, in: Flügge, B. (Hrsg.), Smart Mobility – Trends, Konzepte, Best Practices für die intelligente Mobilität, Wiesbaden, S. 63-82.

Fraunhofer-Gesellschaft (Hrsg.) (2013): Innovation Network „Morgenstadt: City Insights" – City Report New York City, München.

Funcke, D. / Loer, T. (2019): Von der Forschungsfrage über Feld und Fall zur Theorie – Zur Einleitung, in: Funcke, D. / Loer, T. (Hrsg.), Vom Fall zur Theorie – Auf dem Pfad der rekonstruktiven Sozialforschung, Wiesbaden, S. 1-56.

Gander, B. u. a. (2017): Ottawa: Rewards for a Smart City in a Global Innovation Economy, in: Vinod Kumar, T. M. (Hrsg.), Smart Economy in Smart Cities – International Collaborative Research: Ottawa, St. Louis, Stuttgart, Bologna, Cape Town, Nairobi, Dakar, Lagos, New Delhi, Varansi, Vijayawada, Kozhikode, Hong Kong, Singapore, S. 109-128.

Gazzola, P. (2018): Behind the Sharing Economy: Innovation and Dynamic Capability, in: Vatamanescu, E.-M. / Pinzaru, F. M. (Hrsg.), Knowledge Management in the Sharing Economy – Cross-Sectoral Insights into the Future of competitive Advantage, Cham, S. 75-94.

Gentsch, P. (2018): Künstliche Intelligenz für Sales, Marketing und Service - Mit AI und Bots zu einem Algorithmic Business – Konzepte, Technologien und Best Practices, Wiesbaden.

Giffinger, R. u. a. (2007): Smart cities: Ranking of European medium-sized cities, Wien.

Gläser, J. / Laudel, G. (2009): Experteninterviews und qualitative Inhaltsanalyse, 3. Auflage, Wiesbaden.

Govada, S. S. / Spruijt, W. / Rodgers, T. (2017): Smart City Concept and Framework, in: Vinod Kumar, T. M. (Hrsg.), Smart Economy in Smart Cities – International Collaborative Research: Ottawa, St. Louis, Stuttgart, Bologna, Cape Town, Nairobi, Dakar, Lagos, New Delhi, Varansi, Vijayawada, Kozhikode, Hong Kong, Singapore, S. 187-198.

Govada, S. S. / Spruijt, W. / Rodgers, T. (2017a): Introduction to Hong Kong´s Development, in: Vinod Kumar, T. M. (Hrsg.), Smart Economy in Smart Cities – International Collaborative Research: Ottawa, St. Louis, Stuttgart, Bologna, Cape Town, Nairobi, Dakar, Lagos, New Delhi, Varansi, Vijayawada, Kozhikode, Hong Kong, Singapore, S. 171-186.

Govada, S. S. / Spruijt, W. / Rodgers, T. (2017b): Assessing Hong Kong as a Smart City, in: Vinod Kumar, T. M. (Hrsg.), Smart Economy in Smart Cities – International Collaborative Research: Ottawa, St. Louis, Stuttgart, Bologna, Cape Town, Nairobi,

Dakar, Lagos, New Delhi, Varansi, Vijayawada, Kozhikode, Hong Kong, Singapore, S. 199-228.

Govada, S. S. / Spruijt, W. / Rodgers, T. (2017c): Way Forward and Conclusions, in: Vinod Kumar, T. M. (Hrsg.), Smart Economy in Smart Cities – International Collaborative Research: Ottawa, St. Louis, Stuttgart, Bologna, Cape Town, Nairobi, Dakar, Lagos, New Delhi, Varansi, Vijayawada, Kozhikode, Hong Kong, Singapore, S. 245-249.

Govada, S. S. u. a. (2020): Smart Environment for Smart and Sustainable Hong Kong, in: Vinod Kumar, T. M. (Hrsg.), Smart Environment for Smart Cities, Singapore, S. 57-92.

Gruber, M. (2011): Die Emergenz des Bewusstseins – Ein konsistentes Modell des menschlichen Verstandes, o. O.

Gudehus, C. / Keller, D. / Welzer, H. (2010): Sozialpsychologie, in: Mey, G. / Mruck, K. (Hrsg.), Handbuch Qualitative Forschung in der Psychologie, Wiesbaden, S. 761-767.

Guss, K. (1977): Gestalttheorie und Fachdidaktik, Darmstadt.

Gutzmer, A. (2016): Urban Innovation Networks – Understanding the City as a Strategic Resource, Cham u. a.

Gutzmer, A. (2018): Marken in der Smart City – Wie die Cyber-Urbanisierung das Marketing verändert, Wiesbaden.

Haken, H. / Portugali, J. (2017): Smart Cities: Distributed Intelligence or Central Planning?, in: Rassia, S. T. / Pardalos, P. M. (Hrsg.) (2017), Smart City Networks Through the Internet of Things, Cham, S. 65-86.

Hall, P. (2000): Creative cities and economic development, in: Urban Studies, Ausgabe 37, H. 4, S. 639-649.

Haun, M. (2014): Cognitive Computing – Steigerung des systemischen Intelligenzprofils, Berlin / Heidelberg.

He, X. / Deng, L. (2018): Deep Learning in Natural Language Generation from Images, in: Deng, L. / Liu, Y. (Hrsg.), Deep Learning in Natural Language Processing, Singapur, S. 289-308.

Helfferich, C. (2011): Die Qualität qualitativer Daten – Manual für dieDurchführung qualitativer Interviews, 4. Auflage, Wiesbaden.

Hipp, J. A. u. a. (2017): Learning from Outdoor Webcams: Surveillance of Physical Activity Across Environments, in: Thakuriah, P. / Tilahun, N. / Zellner, M. (Hrsg.), Seeing Cities Through Big Data – Research, Methods and Applications in Urban Informatics, Cham, S. 471-490.

Hiramatsu, K. / Ishida, T. (2001): An Augmented Web Space for Digital Cities, o. O.

Hochreiter, S. / Schmidhuber, J. (1997): Long Short-Term Memory, in: Neural Computation, Ausgabe 9, H. 8, S. 1-32.

Hoffman, D. L. / Novak, T. P. (2017): Consumer and Object Experience in the Internet of Things: An Assemblage Theory Approach, in: Journal of Consumer Research, Ausgabe 44, S. 1178-1204.

Hu, R. (2019): The State of Smart Cities in China: The Case of Shenzhen, Canberra.

Hussy, W. (1983): Komplexe menschliche Informationsverarbeitung: das SPIV-Modell, in: Sprache & Kognition, 2. Ausgabe, S. 47-62.

Hussy, W. (1993): Denken und Problemlösen, Stuttgart / Berlin / Köln.

Hussy, W. (1998): Denken und Problemlösen, 2. Auflage, Stuttgart.

Hussy, W. / Schreier, M. / Echterhoff, G. (2013): Forschungsmethoden in Psychologie und Sozialwissenschaften für Bachelor, 2. Auflage, Berlin / Heidelberg.

IBM (Hrsg.) (2011): IBM for a Smarter Planet and Smarter Cities, La Gaude.

Inman, J. u. a. (2019): JCR Call for Papers: "The Future of Brands in a Changing Consumer Marketplace" Special Issue: August 2021, in: Journal of Consumer Research, Ausgabe 45, H. 6., S. i4.

Iyengar, R. S. (2017): Asia's Cities: Necessity, Challenges and Solutions for Going 'Smart', in: Rassia, S. T. / Pardalos, P. M. (Hrsg.), Smart City Networks Through the Internet of Things, Cham, S. 25-42.

Jaekel, M. (2015): Smart City wird Realität – Wegweiser für neue Urbanitäten in der Digitalmoderne, Wiesbaden.

Jung, C. G. (1934): Vom Werden der Persönlichkeit, Zürich.

Juniper Research (Hrsg.) (2017): Smart Cities – What's in it for citizens?, o. O.

Kammerbauer, M. (2019): Cosmic Cities of tomorrow, in: Topos, H. 107, S. 77-81.

Karayiannis, N. B. / Venetsanopoulos, A. N. (1993): Artificial Neural Networks – Learning Algorithms, Performance Evaluation, and Applications, New York.

Khan, S. u. a. (2018): A Guide to Convolutional Neural Networks for Computer Vision, o. O.

Kin-Sing Chan, J. / Anderson, S. (2015): Rethinking Smart Cities – ICT for New-type Urbanization and Public Participation at the City and Community Level in China, Peking.

Kitchin, R. (2013): The real-time city? Big data and smart urbanism, in: GeoJournal, Ausgabe 79, Dordrecht, S. 1-14.

Kleining, G. (2010): Qualitative Heuristik, in: Mey, G. / Mruck, K. (Hrsg.), Handbuch Qualitative Forschung in der Psychologie, Wiesbaden, S. 65-78.

Knauff, M. / Knoblich, G. (2016): Logisches Denken, in: Müsseler, J. / Rieger, M. (Hrsg.), Allgemeine Psychologie, 3. Auflage, Berlin / Heidelberg, S. 533-586.

Komninos, N. (2008): Intelligent Cities and Globalization of Innovation Networks, Routledge.

Krieger, D. J. / Belliger, A. (2014): Interpreting Networks – Hermeneutics, Actor-Network Theory & New Media, Bielefeld.

Kurzweil, R. (1990): The Age of Intelligent Machines, Cambridge / London.

Kurzweil, R. (2005): The Singularity is Near, London.

Lee, K.-F. (2012): Automatic Speech Recognition – The Development of the Sphinx System, 6. Auflage, New York.

Lee, K.-F. (2018): AI Superpowers – China, Sillicon Valley and the New World Order, New York.

Li, J. / Moreno, A. / Zhang, D. J. (2019): Agent Pricing in the Sharing Economy: Evidence from Airbnb, in: Ming, H. (Hrsg.), Sharing Economy – Making Supply Meet Demand, Cham, S. 485-504.

Liu, D. / Huang, R. / Wosinski, M. (2017): Smart Learning in Smart Cities, Singapore.

Lunsford Mears, C. (2009): Interviewing for Education and Social Science Research – The Gateway Approach, New York.

Maltby, J. / Day, L. / Macaskill, A. (2011): Differentielle Psychologie, Persönlichkeit und Intelligenz, 2. Auflage, München.

Mayring, P. (2010): Qualitative Inhaltsanalyse, in: Mey, G. / Mruck, K. (Hrsg.), Handbuch Qualitative Forschung in der Psychologie, Wiesbaden, S. 601-613.

Mayring, P. / Brunner, E. (2009): Qualitative Inhaltsanalyse, in: Buber, R. / Holzmüller, H. H. (Hrsg.), Qualitative Marktforschung – Konzepte-Methoden-Analysen, 2. Auflage, Wiesbaden, S. 669-680.

Mboup, G. / Oyelaran-Oyeyinka, B. (2019): Relevance of Smart Economy in Smart Cities in Africa, in: Mboup, G. / Oyelaran-

Oyeyinka, B. (Hrsg.), Smart Economy in Smart African Cities – Sustainable, Inclusive, Resilient and Prosperous, Singapore, S. 1-50.

Mey, G. / Mruck, K. (2010): Interviews, in: Mey, G. / Mruck, K. (Hrsg.), Handbuch Qualitative Forschung in der Psychologie, Wiesbaden, S. 423-435.

Mirjalili, S. (2019): Evolutionary Algorithms and Neural Networks – Theory and Applications, o. O.

Moore, G. E. (1965): Cramming more components onto integrated circuits, in: Electronics, Ausgabe 38, H. 8, S. 1-4.

Moser, K. (2015): Wirtschaftspsychologie, 2. Auflage, Wiesbaden.

Mülling, E. (2019): Big Data und der digitale Ungehorsam, Wiesbaden.

Pedrycz, W. u. a. (2008): Introduction to Computational Intelligence for Decision Making, in: Phillips-Wren, G. / Ichalkaranje, N. (Hrsg.), Intelligent Decision Making: An AI-Based Approach, Berlin / Heidelberg, S. 79-96.

Pelton, J. N. / Singh, I. B. (2019): Smart Cities of Today and Tomorrow – Better Technology, Infrastructure and Security, Cham.

Pfriemer, H. (2016): Die digitale Ökonomie und Nutzen für die Mobilität von Morgen, in: Flügge, B. (Hrsg.), Smart Mobility – Trends, Konzepte, Best Practices für die intelligente Mobilität, Wiesbaden, S. 57-62.

Pohl, J. (2008): Cognitive Elements of Human Decision Making, in: Phillips-Wren, G. / Ichalkaranje, N. (Hrsg.), Intelligent Decision Making: An AI-Based Approach, Berlin / Heidelberg, S. 41-78.

Popper, K. (2002): The Logic of Scientific Discovery, London / New York.

Precht, R. D. (2018): Jäger, Hirten, Kritiker – Eine Utopie für die digitale Gesellschaft, München.

Priese, L. (2015): Computer Vision – Einführung in die Verarbeitung und Analyse digitaler Bilder, Berlin / Heidelberg.

Qi, L. / Shaofu, L. (2001): Research on Digital City Framework Architecture, in: Info-Tech and Info-Net, Ausgabe 1, H. 1, S. 30-36.

Reichertz, J. (2016): Qualitative und interpretative Sozialforschung – Eine Einladung, Wiesbaden.

Renner, K.-H. / Heydasch, T. / Ströhlein, G. (2012): Forschungsmethoden der Psychologie – Von der Fragestellung zur Präsentation, Wiesbaden.

Renner, K.-H. / Jacob, N.-C. (2020): Das Interview – Grundlagen und Anwendung in Psychologie und Sozialwissenschaften, Berlin.

Repenning, A. (2016): Smart Education durch Computational Thinking in der Primarschule, in: Meier, A. / Portmann, E. (Hrsg.), Smart City – Strategie, Governance und Projekte, Wiesbaden, S. 201-220.

Schiewe, J. u. a. (2008): Developing and Evaluating Tools for Urbans Research, Potsdam.

Schreier, M. (2010): Fallauswahl, in: Mey, G. / Mruck, K. (Hrsg.), Handbuch Qualitative Forschung in der Psychologie, Wiesbaden, S. 238-251.

Schuler, D. (2002): Digital Cities and Digital Citizens, in: Tanabe, M. / van den Besselaar, P. / Ishida, T. (Hrsg.), Digital Cities II: Computational and Sociological Approaches, o. O., S. 71-85.

Schumann, S. (2018): Quantitative und qualitative empirische Forschung – Ein Diskussionsbeitrag, Wiesbaden.

Seidman, I. (2006): Interviewing as Qualitative Research – A Guide for Researchers in Education and the Social Sciences, 3. Auflage, New York / London.

Sharma, N. / Shamkuwar, M. (2019): Big Data Analysis in Cloud and Machine Learning, in: Mittal, M. (Hrsg.), Big Data Processing Using Spark in Cloud, Singapore, S. 51-86.

Sikorska, O. / Grizelj, F. (2016): Sharing Economy – Shareable City – Smartes Leben, in: Meier, A. / Portmann, E. (Hrsg.), Smart City – Strategie, Governance und Projekte, Wiesbaden, S. 319-340.

Singh, D. (2017): Spatial Distribution of Startup Cities of India, in: Sharma, P. / Rajput, S. (Hrsg.), Sustainable Smart Cities in India – Challenges and Future Perspectives, Cham, S. 73-84.

Steffen, A. / Doppler, S. (2019): Einführung in die Qualitative Marktforschung – Design-Datengewinnung-Datenauswertung, Wiesbaden.

Stent, A. / Bangalore, S. (2014): Introduction to Natural Language Generation in Interactive Systems, in: Stent, A. / Bangalore, S. (Hrsg.), Natural Language Generation in Interactive Systems, Cambridge, S. 1-10.

Stern, E. / Neubauer, A. (2016): Intelligenz: kein Mythos, sondern Realität, in: Psychologische Rundschau, Ausgabe 67, H. 1, S. 15-27.

Stratigea, A. (2012): The Concept of Smart Cities. Towards Community Development?, in: Networks and Communication Studies, Ausgabe 26, H. 3, S. 375-388.

Su, K. / Li, J. / Fu, H. (2011): Smart City and the Applications, in: ICECC (Hrsg.) Electronics, Communications and Control, o. O., S. 1028-1031.

Tao, F. / Zhang, L. / Laili, Y. (2015): Configurable Intelligent Optimization Algorithm – Design and Practice in Manufacturing, Heidelberg u. a.

Technologie Stiftung Berlin (Hrsg.) (2014): Smart City Berlin – Urbane Technologien für Metropolen, Berlin.

Tegmark, M. (2017): Life 3.0 – Being human in the age of Artificial Intelligence, Toronto.

The City of New York Mayor Bill de Blasio (Hrsg.) (2019a): OneNYC 2050 – Building a Strong and Fair City - Report, New York City.

The City of New York Mayor Bill de Blasio (Hrsg.) (2019b): OneNYC 2050 – Building a Strong and Fair City – A Vibrant Democracy, New York City.

The City of New York Mayor Bill de Blasio (Hrsg.) (2019c): OneNYC 2050 – Building a Strong and Fair City – Modern Infrastructure, New York City.

Tobinski, D. (2017): Kognitive Psychologie – Problemlösen, Komplexität und Gedächtnis, Berlin.

Tur, G. u. a. (2018): Deep Learning in Conversational Language Understanding, in: Deng, L. / Liu, Yu. (Hrsg.), Deep Learning in Natural Language Processing, Singapur, S. 23-48.

Tweedale, J. u. a. (2008): Future Directions: Building a Decision Making Framework Using Agent Teams, in: Phillips-Wren, G. / Ichalkaranje, N. (Hrsg.), Intelligent Decision Making: An AI-Based Approach, Berlin / Heidelberg, S. 387-410.

Ulam, S. (1958): Tribute to John von Neumann, o. O.

United Nations Department of Economic and Social Affairs Population Division (Hrsg.) (2019): World urbanization Prospects – The 2018 Revision, New York.

United States Department of Commerce Bureau of Economic Analysis (Hrsg.) (2019): Local Area Gross Domestic Product, 2018 First Official Release of Gross Domestic Product by County, 2001-2018, o. O.

Vaquero-García, A. / Álvarez-García, J. / Peris-Ortiz, M. (2017): Urban Models of Sustainable Development from the Economic Perspective: Smart Cities, in: Peris-Ortiz, M. / Bennett, D. R. / Pérez-Bustamante Yábar, D. (Hrsg.), Sustainable Smart Cities – Creating Spaces for Technological, Social and Business Development, o. O., S. 15-30.

Vinod Kumar, T. M. (2020): Smart Environment for Smart Cities, in: Vinod Kumar, T. M. (Hrsg.), Smart Environment for Smart Cities, Singapore, S. 1-56.

Vinod Kumar, T. M. / Dahiya, B. (2017): Smart Economy in Smart Cities, in: Vinod Kumar, T. M. (Hrsg.), Smart Economy in Smart Cities – International Collaborative Research: Ottawa, St. Louis, Stuttgart, Bologna, Cape Town, Nairobi, Dakar, Lagos, New Delhi, Varansi, Vijayawada, Kozhikode, Hong Kong, Singapore, S. 3-76.

Vogel, H.-J. / Weißer, K. / Hartmann, W. D. (2018): Smart City: Digitalisierung in Stadt und Land – Herausforderungen und Handlungsfelder, Wiesbaden.

Walser, K. / Haller, S. (2016): Smart Governance in Smart Cities, in: Meier, A. / Portmann, E. (Hrsg.), Smart City – Strategie, Governance und Projekte, Wiesbaden, S. 19-46.

Wernet, A. (2019): Wie kommt man zu einer Fallstrukturhypothese?, in: Funcke, D. / Loer, T. (Hrsg.), Vom Fall zur Theorie – Auf dem Pfad der rekonstruktiven Sozialforschung, Wiesbaden, S. 57-84.

Yovanof, G. S. / Hazapis, G. N. (2009): An Architectural Framework and Enabling Wireless Technologies for Digital Cities and Intelligent Urban Environments, in: Wireless Personal Communications, Ausgabe 49, H. 3, S. 445-463.

Yudkowsky, E. (2008): Artificial Intelligence as a Positive and Negative Factor in Global Risk, in: Bostrom, N. / Ćirković, M. (Hrsg.), Global Catastrophic Risks, New York, S. 308-345.

Zedadra, O. u. a. (2019): Swarm Intelligence and IoT-Based

Smart Cities: A Review, in: Cicirelli, F. u. a. (Hrsg.), The Internet of Things for Smart Urban Ecosystems, Cham, S. 177-200.

Alphabet (Hrsg.) (2015): Google voice search: faster and more accurate, https://ai.googleblog.com/2015/09/google-voice-search-faster-and-more.html., 27.12.2019.

Arbeitskreis Volkswirtschaftliche Gesamtrechnungen der Länder (Hrsg.) (2019): Bruttoinlandsprodukt in jeweiligen Preisen 1991 bis 2018, https://www.statistik-bw.de/VGRdL/tbls/tab.jsp?rev=RV2014&tbl=tab01&lang=de-DE#tab01, 11.02.2020.

ArchDaily (Hrsg.) (2017): Sasaki Unveils Design for Sunqiao, a 100-Hectare Urban Farming District in Shanghai, https://www.archdaily.com/868129/sasaki-unveils-design-for-sunqiao-a-100-hectare-urban-farming-district-in-shanghai, 05.03.2020.

Asiatimes (Hrsg.) (2019): A look at Shenzhen and Huawei's 'smart city' project - Tech giant is seeking to make its home city, and others overseas, smarter, safer and more efficient, https://asiatimes.com/2019/07/a-look-at-shenzhen-and-huaweis-smart-city-project/, 12.02.2020.

Berlin Partner für Wirtschaft und Technologie GmbH (Hrsg.) (2018): CO2-neutrale-Stadt: Musterschüler Berlin?, https://smartcity.berlin-partner.shc.eu/news/newsdetail/co2-neutrale-stadt-musterschueler-berlin/, 01.03.2020.

China Innovation Funding (Hrsg.) (2017): State Council's Plan for the Development of New Generation Artificial Intelligence, http://chinainnovationfunding.eu/dt_testimonials/state-councils-plan-for-the-development-of-new-generation-artificial-intelligence/, 11.02.2020.

China Innovation Funding (Hrsg.) (2018): Implementation Measures for Accelerating the High-Quality Development of Artificial Intelligence in Shanghai, http://chinainnovationfunding.eu/dt_testimonials/shanghai-artificial-intelligence-development/, 11.02.2020.

China Innovation Funding (Hrsg.) (2019): Establishment of new National New Generation AI Development Experimental Zones in Tianjin, Shenzhen, Hangzhou and Hefei, http://chinainnovationfunding.eu/establishment-of-new-national-new-generation-ai-development-experimental-zones-in-tianjin-shenzhen-hangzhou-and-hefei/, 13.02.2020.

China Innovation Funding (Hrsg.) (2019): Establishment of the Shanghai (Pudong) Artificial Intelligence Innovation Application Pilot Zone, http://chinainnovationfunding.eu/establishment-of-shanghai-pudong-artificial-intelligence-innovation-application-pilot-zone/, 03.03.2020.

Cohen, B. (2013): The Smart City Wheel, https://www.smart-circle.org/smartcity/blog/boyd-cohen-the-smart-city-wheel/, 02.01.2020.

Columbus, L. (2016): Roundup Of Internet Of Things Forecasts And Market Estimates, https://www.forbes.com/sites/louiscolumbus/2016/11/27/roundup-of-internet-of-things-forecasts-and-market-estimates-2016/#1971a3b2292d, 16.01.2020.

Luke Neubauer

Crimson Hexagon (Hrsg.) (o. J.): What is Artificial Intelligence (AI)? - There's nothing artificial about its power to deliver consumer insights, https://www.crimsonhexagon.com/blog/what-is-ai-artificial-intelligence-gets-real/, 25.12.2019.

Dvorsky, G. (2013): How Much Longer Before Our First AI Catastrophe?, https://io9.gizmodo.com/how-much-longer-before-our-first-ai-catastrophe-464043243, 23.12.2019.

DWDS (Hrsg.) (2018): Intelligenz, https://www.dwds.de/wb/Intelligenz, 23.12.2018.

Future Living Dialog GmbH (Hrsg.) (2020): Future Living Homes, https://future-living-berlin.com/about/future-living-homes/, 01.03.2020.

Harari, Y. N. (2016): Yuval Noah Harari on the Rise of Homo Deus, https://www.youtube.com/watch?v=JJ1yS9JIJKs, 16.01.2020.

Hryniewicz, R. (2018): Three Things CEOs Should Know About the Use of Artificial Intelligence in Decision-Making, https://de.hortonworks.com/blog/three-things-ceos-should-know-about-the-use-of-artificial-intelligence-in-decision-making/, 26.12.2019.

Huang, T. S. (o. J.): Computer Vision: Evolution and Promise,

https://cds.cern.ch/record/400313/files/p21.pdf., 24.12.2019.

Knight, S. (2011): IBM unveils cognitive computing chips that mimic human brain, https://www.techspot.com/news/45138-ibm-unveils-cognitive-computing-chips-that-mimic-human-brain.html, 27.12.2019.

Markt & Technik (Hrsg.) (2018): Das Wettrennen um Smart Cities - Chinas Smart-City-Offensive, https://www.elektroniknet.de/markt-technik/industrie-40-iot/chinas-smart-city-offensive-159064-Seite-3.html, 05.03.2020.

Ministerium für Wissenschaft und Technologie der Volksrepublik China (Hrsg.) (2019): 科技部关于支持深圳建设国家新一代人工智能创新发展试验区的函 - 国科函规 183 号 (Letter from the Ministry of Science and Technology on Supporting Shenzhen to Build the National New Generation Artificial Intelligence Innovation Development Pilot Zone – Guoke Nr. 183), http://www.most.gov.cn/mostinfo/xinxifel-ei/fgzc/gfxwj/gfxwj2019/201910/t20191018_149418.htm, 13.02.2020.

Northstream (Hrsg.) (2010): White Paper on Revenue Opportunities, http://northstream.se/whitepaper/archive, 30.12.2019.

People (Hrsg.) (2020): 2019 年深圳地區生產總值同比增長 6.7% (Shenzhen's GDP grows 6.7% year-on-year in 2019), http://sz.people.com.cn/BIG5/n2/2020/0123/c202846-33740502.html, 14.02.2020.

Peterson, J. B. (2015): 2015 Personality Lecture 02: Historical Perspectives - Mythological Representations, https://www.youtube.com/watch?v=9fKZPRAPT1w, 02.04.2020.

Piper, K. (2019): Bill Gates: AI is like "nuclear weapons and nuclear energy" in danger and promise, https://www.vox.com/future-perfect/2019/3/20/18274350/bill-gates-stanford-ai-like-nuclear-weapons, 13.01.2020.

PricewaterhouseCoopers (Hrsg.) (2018): Auswirkungen der Nutzung von künstlicher Intelligenz in Deutschland, https://www.pwc.de/de/business-analytics/sizing-the-price-final-juni-2018.pdf , 27.12.2019.

Schmidt, A. (o. J.): Multiple and Modular Artificial Neural Networks, https://www.teco.edu/~albrecht/neuro/html/node32.html, 31.12.2019.

Setis-EU (Hrsg.) (2012): European Initiatives on Smart Cities, https://setis.ec.europa.eu/set-plan-implementation/technology-roadmaps/european-initiative-smart-cities, 30.12.2019.

Shanghai Government (Hrsg.) (2016): 市政府关于印发《上海市推进智慧城市建设"十三五"规划》的通知 (Notice of the Municipal Government on Printing and Distributing the "13th Five-Year Plan for the Promotion of Smart City Construction in Shanghai), http://www.shanghai.gov.cn/nw2/nw2314/nw2319/nw12344/u26aw50147.html, 03.03.2020.

Shanghai Government (Hrsg.) (2017): All singing, all dancing application for citizens, http://www.shanghai.gov.cn/shanghai/node27118/node27818/u22ai86769.html, 05.03.2020.

Shanghai Government (Hrsg.) (2018): "22 条"力促人工智能赋能新时代 上海发布实施办法 ("Article 22" urges artificial intelligence to empower a new era as Shanghai releases implementation measures),

http://www.shanghai.gov.cn/nw2/nw2314/nw2315/nw4411/u21aw1339646.html, 03.03.2020.

Shenzhen Government (Hrsg.) (2019): About Shenzhen – Innovation-driven Development, http://english.sz.gov.cn/aboutsz/profile/201907/t20190704_18035457.htm, 12.02.2020.

South China Morning Post (Hrsg.) (2019): Beijing unveils detailed reform plan to make Shenzhen model city for China and the world, https://www.scmp.com/news/china/politics/article/3023330/beijing-unveils-detailed-reform-plan-make-shenzhen-model-city, 23.03.2020.

Staatsrat der Volksrepublik China (Hrsg.) (2017): 国务院关于印发新一代人工智能发展规划的通知国发 35 号(Plan for the Development of New Generation Artificial Intelligence (Guo Fa No. 35)), http://www.gov.cn/zhengce/content/2017-07/20/content_5211996.htm, 11.02.2020.

Steger, J. / Dörner, A. / Jahn, T. (2018): Musk warnt vor der zerstörerischen Kraft der künstlichen Intelligenz, in: Handelsblatt (Hrsg.), https://www.handelsblatt.com/unternehmen/it-medien/sxsw-tag-3-musk-warnt-vor-der-zerstoererischen-kraft-der-kuenstlichen-intelligenz/21058540.html?ticket=ST-2222524-W2oEfxKBGgrMrfokYf1p-ap4, 24.10.2019.

The Guardian (Hrsg.) (2016): Stephen Hawking: AI will be 'either

best or worst thing' for humanity,
https://www.theguardian.com/science/2016/oct/19/stephen-
hawking-ai-best-or-worst-thing-for-humanity-cambridge,
03.04.2020.

**United Nations Department of Economic and Social Affairs
Population Division (Hrsg.) (2018):** World Urbanization
Prospects: The 2018 Revision Online Edition - File 12: Population
of Urban Agglomerations with 300,000 Inhabitants or More in
2018, by Country, 1950-2035 (thousands),
https://population.un.org/wup/Download/, 11.02.2020.

Wonder Information Co., Ltd (Hrsg.) (2020): Citizen Cloud - The
mobile terminal of "One Online Office", the portal of Smart City,
http://www.wondersgroup.com/en/?p=5733, 05.03.2020.

www.ingramcontent.com/pod-product-compliance
Lightning Source LLC
Chambersburg PA
CBHW070542220526
45467CB00003B/1017